Ulf G. Stuberger

ESEL

Haltung und Pflege
Zucht und Rassen

Weltbild

Vorwort 4

Geschichte der Esel 6

Das geistig fähige Tier 8
Die Stellung der Esel 13
Die Geschichte der Esel 20

Auswahl, Haltung und Pflege 24

Eselkauf 26
Unterbringung 37
Pflege 55
Ernährung 67
Verhalten und Erziehung 76

Zucht und Rassen 86

Zucht 88
Eselrassen und -arten 106

Inhalt

Wandern mit Eseln 158

Packtierwanderungen 160
Vorsorge und Hilfe im Ernstfall 206
Kodex für Esel und Maultiere 212

Service 216

Zum Weiterlesen 218
Register 220
Impressum 224

*Meiner Frau Savelia gewidmet,
von der ich in Namibia
mehr über Esel lernen konnte
als aus manchen Büchern.*

Vorwort

Wenn es dem Esel zu wohl wird, geht er aufs Eis.

Wenn ein gestandener Justizjournalist sich mit dem zweitältesten Haustier des Menschen befasst, begibt er sich in schlüpfriges Gelände. Das zeigt die folgende Begebenheit: Im „Deutschen Herbst" 2007 wurde der Verbrechen der sich selbst „Rote Armee Fraktion/RAF" nennenden Terrorgruppe gedacht, welche diese 30 Jahre zuvor begangen hatte. Als Zeitzeuge habe ich „Die Tage von Stammheim" im Gerichtssaal erlebt und darüber unter diesem Titel ein Buch geschrieben. Ein junger Journalist sollte in diesem Zusammenhang ein Porträt über mich schreiben, kannte mich aber nicht. Zur Vorbereitung seiner Arbeit fragte er bei der Bundeszentrale einer großen deutschen Partei nach dem Justizjournalisten. Dort gab man ihm zur Auskunft: „Stuberger? Das ist ein Spinner, der schreibt über Esel!"

Mag sein, dass Parteipolitiker sich an eine Broschüre über „Die Größten Esel der Welt" erinnerten, die ich vor vielen Jahren mit dem Satz eingeleitet habe: „Nein, das ist kein Buch über Politiker." Das hatte ich davon. Die Retourkutsche aus der Politik hält mich nicht davon ab, mich auch weiterhin mit Eseln zu beschäftigen. Sie haben nur wenige kämpferische Verteidiger, sind die großen Unverstandenen und Vernachlässigten.

Außerdem sind Esel in Deutschland immer noch juristisch vogelfrei. Ein Grund mehr für einen Justizjournalisten, sich mit ihnen zu befassen.

Marxzell, August 2008
Ulf G. Stuberger

Geschichte der Esel

Das geistig fähige Tier

„Der geringst begabte Esel kann nicht so dämlich sein wie das klügste Pferd", hat der Journalist Klaus Peter Lieckfeld geschrieben. Das vorliegende Buch ist nicht das Erste, das sich kämpferisch für den Esel einsetzt. Dennoch hört der unsinnige Vergleich zwischen lang- und kurzohrigen Equiden nicht auf.

Von Eseln und Pferden

Der Esel definiert sich nicht über das Pferd. Wir leben in einer Zeit zunehmenden Natur- und Tierschutzes. Die wissenschaftlichen Erkenntnisse über Tiere vermehren sich ebenso rasch, wie neue Techniken für die menschliche Kommunikation auf den Markt geworfen werden. Was gestern als Wahrheit galt, kann heute schon überholt sein. Die Unart, Esel mit Pferden abzugleichen, hält sich dagegen beharrlich. Sie zeugt von der Unwissenheit der Menschen, die das tun oder ihrer beharrlichen Ignoranz gegenüber anderslautenden Informationen. Wie bei anderen schlechten Traditionen ist es kaum möglich, sie durch liebevolle Erklärungen abzuschaffen, nette Geschichten und geduldige Versuche, das Gegenteil zu beweisen. Darum ist die Zeit reif für eine einseitig kämpferische Darstellung über den Esel.

Esel und Pferde gegeneinander zu messen hat der Mensch in unserem Kulturkreis erfunden. Einen sachlich begründeten Ansatz dazu gibt es nicht. Man kann historisch erklären, warum es dazu gekommen ist, dass bei uns im Gegensatz zur arabischen Welt den Eseln ein minderer Wert als den Pferden angedichtet worden ist. Man kann soziologische Betrachtungen darüber anstellen, welche Beweggründe wir hier für die Missachtung der Esel hatten und haben. Man kann psychologische Vermutungen darüber anstellen, warum noch heute in unseren Breiten die meisten Menschen Pferde als die edleren Tiere ansehen.

Esel sind mit Pferden weit weniger verwandt, als vielfach angenommen wird.

Der Esel als Freizeitpartner

Erfreulicherweise hört man immer häufiger davon, dass sich Tierfreunde und Naturliebhaber dem Esel als modernem Freizeittier zuneigen. Diese Mode konstatieren Tierschützer zu Recht mit zwiespältigen Empfindungen. Einerseits bewirkt sie eine intensivere und breitere Auseinandersetzung mit Eseln. Andererseits besteht die Gefahr, dass auch diese Tierart für Geschäfte ausgebeutet wird, wie leider zu viele bereits zuvor. Schon haben sich Vereine gebildet, die Mitglieder um sich scharen und an Stammtischen ihre Beschlüsse fassen. Gastronomen setzen auf Werbewirksamkeit und Anziehungskraft der Esel als Kinderspielzeug für ihren Gartenausschank. Auf Massenveranstaltungen werden Esel in der Umgebung schunkelnder Bierseligkeit zur Schau gestellt. Organisationen wie der „Deutsche Tierschutzbund e.V." sehen die Entwicklung „mit Sorge" und treten für eine staatliche Kontrolle der Eselzucht ein.

Das Kreuz mit der Zucht und der Vermenschlichung

Für Esel muss man im deutschsprachigen Raum heute an zwei Fronten kämpfen:

1. Sie sind leider immer noch juristisch weitgehend vogelfrei. Während die Zucht von Hunden, Katzen, Pferden, Schafen, Rindern, Ziegen, Schweinen und vielen anderen Tieren geschützt und kontrolliert ist, darf jeder beliebige Laie ohne Sachkenntnis Esel nach eigenem Gusto vermehren, wie er will. Das hat im deutschsprachigen Raum zur starken Verbreitung von Inzucht geführt mit den von allen Tierarten bekannten genetischen Deformationen in anatomischer und charakterlicher Hinsicht. Diese wiederum haben zu einer Verfestigung der unberechtigten Vorurteile gegenüber Eseln beigetragen, da oft nur genetisch deformierte Tiere bekannt sind.

Körperlicher Kontakt zwischen Mensch und Esel ist gut, Verzärtlichungen jedoch nicht.

Kontrollierte Zucht ist darum aktiver Tierschutz. Leider gibt es im deutschsprachigen Raum keinen Verein, keine Organisation, keine Privatperson, die damit begonnen hat, einen Rassestandard für Esel auszuarbeiten, ein Zuchtbuch einzuführen, eine tierzuchtrechtlich anerkannte Zuchtorganisation zu gründen, die unter Kontrolle der Tierzuchtbeauftragten von Landwirtschaftsministerien arbeiten müsste. Im Gegenteil: Vielfach wehrt man sich geradezu vehement gegen professionelle Züchter. Im Gegensatz dazu steht die Entwicklung in Frankreich, Italien und Spanien. Dort werden immer mehr alte Eselrassen rekonstruiert, neue Zuchtbücher eröffnet. Dort beginnen Berufsorganisationen unter staatlicher Kontrolle ihre Arbeit. Das sind Ansätze, die hoffen lassen.

2. Einzelpersonen und einige Vereine neigen dazu, den Esel weiterhin zu vermenschlichen, als Spielzeug zu verniedlichen oder ihn einer Nutzung als Sportgerät nach dem negativen Vorbild der Pferdeszene zuzuführen. Geschichten für Kinder, die ihre verzwergten plüschigen Esel am Frühstückstisch verhätscheln, lassen sich attraktiver vermarkten als die Übermittlung der Ergebnisse wissenschaftlicher Verhaltensforschung. Das Abhalten von Veranstaltungen mit Wettbewerben, die mehr der Selbstdarstellung der Menschen als den Tieren nutzen, ist einträglicher als die Präsentation verschiedener Eselrassen für ein interessiertes Fachpublikum. Beim gedankenlosen Übernehmen des Einsatzes von schmerzenden Gebissen, Trensen, Sporen, Gerten und Eisenbeschlägen für die Hufe nach dem Vorbild der Pferdeszene sind weniger Widerstände zu überwinden als beim Verzicht auf solche alten Marterinstrumente, die mit modernen Tierschutzgedanken nicht vereinbar sind.

Das haben die Esel nicht verdient. Dieses Buch versucht, Bestrebungen zu unterstützen und zu initiieren, die Zucht von Eseln im deutschsprachigen Raum unter staatliche Kontrolle zu stellen und dadurch einen juristischen Schutzwall zu bauen, wobei die Nutzung von Eseln als Spielzeug unterbunden werden soll. Durch ihr eigenes Verhalten werden Esel das automatisch unterstützen. Das Buch sollte kein weiteres Bilderbuch über Esel werden, in dem zu lange und zu weit verbreitete Vorurteile gehätschelt werden.

Eine Frage der Intelligenz

Der Mensch hat festgelegt, was er für intelligent hält. In erster Linie sieht er sich selbst so. Zwar gibt es außer ihm kein Lebewesen auf der Erde, das sich in solchen Unmaßen vermehrt, dass die ihn umgebende Landschaft nicht einmal mehr für die gesunde Ernährung vor allem in den kleinen überbevölkerten Industrienationen ausreicht, zwar zerstört kein anderes Lebewesen wider besseres Wissen seine eigene Atemluft ... Halt – das sollte kein kritisches Buch über den intelligenten Menschen, sondern über den vielfach als dumm bezeichneten Esel werden.

Intelligent erscheint den meisten Menschen ein Tier, das sich ihrem Willen möglichst ohne Widerstand unterordnet.

Tiere, die sich nicht so leicht dressieren oder domestizieren lassen, erscheinen heute noch den meisten Menschen als wild, dumm, als Feinde. Dies gilt für den Luchs, den Fuchs, den Wolf, einige Raubvögel und den Bären.

Der Fuchs beispielsweise gilt im Volksmund als hinterlistig, ist angeblich gefährlicher Überträger von Krankheiten, Hühnerdieb, Räuber. So oder ähnlich ergeht es allen Tieren, die intelligent sind.

Schlau wie ein Fuchs: Er lässt sich nicht domestizieren, was ihm oft negativ ausgelegt wird.

Als intelligent gelten dagegen Elefanten, die sich ihren Willen brechen lassen, um sich anschließend ihrem Peiniger unterzuordnen oder ein überzüchtetes Pferd, das wie eine Ballerina daherstelzen kann. Wie „dumm" erscheint vielen Menschen dagegen ein Esel, der trotz Brüllen und Fluchen seines menschlichen „Führers" nicht bereit ist, eine morsche Brücke zu betreten ...

Sind wir Menschen wirklich so gebildet, wie wir es uns gerne vormachen, sollten wir endlich damit aufhören, Tiere allein nach unseren Maßstäben von Nutzwert zu beurteilen. Wer sich nicht in Situationen und Lebensvorgänge, Bedürfnisse und soziale Umfelder anderer Lebewesen auch abstrakt hineindenken und -fühlen kann, hat eine nur mäßige Intelligenz. Also seien wir intelligent! Ändern wir die Maßstäbe, die wir an Tiere ansetzen.

Das Bewusstsein der Tiere

Erfreulicherweise verbreitet sich heute mehr und mehr in der Wissenschaft von Zoologie und Tierverhaltensforschung die Erkenntnis: Tiere haben ein Bewusstsein, Gefühle und einige Arten können denken. Immer mehr Forscher haben den Mut, auch gegen Widerstände überkommener Moral, Ethik und wirtschaftlicher Interessen solche Erkenntnisse auch in allgemein verständlichen Büchern zu verbreiten. Die dem zugrunde liegenden Forschungsergebnisse sind zum Teil seit -zig Jahren unbestritten.

Den Tieren, die durch Ignoranz, Gewinnstreben, Machtgier, Verbohrtheit und Drang nach Selbstdarstellung der Menschen zu lange leiden mussten und weiter leiden werden, sei Abbitte geleistet. Stellvertretend für viele andere Tierarten soll dieses Buch über Esel auch ein Pamphlet gegen die Ignoranz von Menschen sein.

Die Zuneigung eines Esels zu einem Menschen kann manchmal ganz schön schwer sein.

Die Stellung der Esel

Esel sind die großen Missverstandenen in Zoologie und Kulturgeschichte. Sie gelten bis heute als die „Pferde des armen Mannes". Da die armen Leute meist kein Geld für Tierärzte hatten, mussten sich die Veterinäre mit dieser Tierart kaum befassen. Auch das hat zu dem bis heute bestehenden weißen Fleck auf der wissenschaftlichen Landkarte geführt.
Den Esel halten einige Wissenschaftler für das zweitälteste Haustier des Menschen nach dem Hund. Andere glauben, wir haben uns Ziege, Schaf, Schwein und Rind in dieser Reihenfolge zuvor untertan gemacht. Ohne Zweifel begleiten Esel den Menschen zwei- bis dreitausend Jahre länger als das Pferd.

Zoologische Ordnungssysteme

Zoologen haben alle Tiere in ein weltweit geltendes System geordnet, das sich nach der vermeintlichen Abstammung, Ort und Zeit der Erforschung und ihren Entdeckern richtet. Dazu gibt es ein verbindliches Regelwerk der Nomenklatur (Namensgebung) für die wissenschaftlichen Bezeichnungen. Das gerät bei Eseln allerdings ins Wanken. Das gesamte Ordnungssystem ist heute umstrittener denn je. Denn es basiert auch auf Knochenfunden von Archäologen, die schon vor mehr als hundert Jahren gearbeitet haben.

Die Technik ist weiter fortgeschritten. Radiologische und andere Methoden haben dazu geführt, dass man heute glaubt, manche Tiere besser (auf jeden Fall: anders) einordnen zu können als früher. Die technischen Entwicklungen werden weitergehen, das Ordnungssystem der Tier- und Pflanzenwelt wird in noch größere Unordnung geraten.

Hinzu kommt, dass die Festlegung, an welchen Platz ein Tier in das zoologische System eingeordnet wird, Wissenschaftler verschiedener Fachrichtungen von den jeweils geltenden und sich wandelnden Grundsätzen anderer Wissenschaftszweige abhängig machen. So kann ein Begründungskreislauf entstehen, in dem die eine Wissenschaft die These der anderen stützt. Als Beispiel sei darauf hingewiesen, dass die heute umstrittene Theorie über die Entstehung der Erde und ihre geologische Entwicklung auf Basis der tektonischen Plattenverschiebung das gesamte zoologische Ordnungssystem durcheinanderwirbeln könnte. Der Mensch hält gerne an dem fest, was er gewohnt ist. Das gilt auch für Wissenschaftler.

Heute weiß man sehr viel mehr über das Verhalten von Tieren als zu früheren Zeiten, in denen das Ordnungssystem eingeführt worden ist. Der Einsatz riesiger weltweiter Datenbanken über Funde an allen möglichen Orten der Erde relativiert viele als unverrückbar geltende Erkenntnisse. Der Wandel geht rasch voran, ändert sich – immer.

Dieser alten Eselstute ist es gleichgültig, wie sie von Menschen in ein Ordnungssystem eingefügt wird.

Vom Urhuftier zum Esel

Unter den einschränkenden Vorbemerkungen soll am noch geltenden Ordnungssystem zur Einstufung der Esel festgehalten werden.

Danach gehört der Esel in die Stammesentwicklung der fünfzehigen Urhuftiere (Condylarthra), deren Leben Wissenschaftler im Paleozän vermuten. Das ist der Abschnitt der geologischen Tertiärzeit, in dem die ersten Hominiden, also menschenartige Wesen, entstanden sein sollen – vor etwa fünfundsechzig Millionen Jahren. Die Condylarthra sollen Allesfresser gewesen sein.

Aus den fünfzehigen Urhufern entwickelten sich den Wissenschaftlern zufolge im folgenden Eozän zwei Stämme vierhufiger Großtiere, die sich nur noch von Laub ernährten.

Geschichte der Esel

Der eine Zweig, Hyracotherium, sei nach einer weiteren Zweiteilung nach etwa zehn Millionen Jahren ausgestorben. Der zweite Stammeszweig trägt bei den archäologischen Zoologen schon den lateinischen Wortstamm, der heute noch für alle Pferdeartigen Verwendung findet: Hippus.

Noch im Tertiär haben sich hier unverzweigt Eohippus, Epihippus und Mesohippus entwickelt, der erstmals nur noch drei Zehen aufgewiesen und sich zum Miohippus gewandelt haben soll. Dieses Tier habe seine Entwicklung aufgespalten. In der geraden Entwicklungslinie, aus der später die heutigen Pferdeartigen entstanden seien, habe sich vor etwa fünfundzwanzig Millionen Jahren Parahippus, der erste Laub- und Grasfresser mit drei und zwei Zehen gebildet, in anderer Linie Hyohippus und Achiterium, die „bald", nämlich nach etwa zehn Millionen Jahren, ausgestorben seien.

Die ersten Einhufer

Miohippus habe sich weiter über Merychippus, der sich in drei neue Stämme gespalten habe, entwickelt, von denen Hipparion und Protohippus ausgestorben seien, Pliohippus überlebt habe – das wohl erste einzehige Tier, also der erste **Einhufer,** der nur noch Gras gefressen haben soll. Pliohippus sei zum Plesihippus geworden. Das ist nach Mehrheitsmeinung der Zoologen und Archäologen der Stammvater der heutigen Familie der **Equiden.**

Man ist sich allerdings nicht einig, ob die rasch folgende Aufspaltung der Equiden in Esel, Hemionen, Zebras und Pferde im späten Pliozän in Nordamerika erfolgt ist oder im frühen Pleistozän in Nordafrika und Eurasien. Solche wissenschaftlichen Streitfragen können wir heute für uns als unbedeutend beiseite legen.

Im erdgeschichtlichen Zeitalter des Quartär, also etwa vor ein bis zwei Millionen Jahren, als die deutschen Mittelgebirge entstanden

Die Vorfahren der Eselstute bevölkern die Erde etwa so lange wie Menschen.

Diese wilde Zebrastute wurde auf der Farm des Autors in Namibia von einem Esel freilaufend gedeckt und brachte ein weibliches Zebrule-Fohlen zur Welt.

sein sollen, habe sich aus dem Plesihippus der Equus Stenonis gebildet, ein Einhufertier, das rasch ausgestorben sei. Vorher aber seien aus diesem Ur-Equiden parallele Entwicklungslinien entstanden, die einerseits zu Hemionen, Eseln und Zebras und andererseits zu Urwildpferd und Tarpan geführt hätten, von denen alle heutigen Pferderassen abstammen sollen, die ohne Ausnahme Zuchtprodukte des Menschen sind. In derselben Zeit sollen sich bei den Säugetieren Mammut, Höhlenbär, Wisent, Rentier, Schneehase, Eisfuchs und Hirsche entwickelt haben und: der Mensch.

Vereinfachend kann man also sagen, dass Esel und Mensch etwa gleich alt sind.

Die Klasse der Säugetiere

Nach dem bestehenden Ordnungssystem gehören Mensch und Esel zur Klasse der Säugetiere (Mammalia). Da wir uns bis heute weigern, uns mit der tiergeschichtlichen Entwicklung gleichzumachen, nehmen wir uns selbst aus dem Ordnungssystem heraus und fügen uns eine Sonderstellung zu – einzigartig, außerhalb des von uns selbst geschaffenen Systems stehend. Das dient auch der Rechtfertigung der Deklassierung anderer Lebewesen. Alle anderen Tiere haben unter dem Menschen zu stehen. Das hat zu der inzwischen nachweisbar falschen Behauptung geführt, Tiere könnten im Gegensatz zu Menschen nicht denken, hätten kein Bewusstsein und keine Gefühle.

Die Klasse der Mammalia wird geteilt. Zu ihr gehört die Ordnung der Unpaarzeher (Perissodactyla). Hier wird der Bruch zwischen Mensch und Esel angelegt! Die Unpaarzeher werden in zwei Unterordnungen verzweigt: Ceratomorpha (Nashornverwandte) und Hippomorpha (Pferdeverwandte).

Vom Aussterben bedroht

Die Ceratomorpha werden wir Menschen bald ausgerottet haben, es existieren nur noch wenige Nashörner und Tapire. Die Restbestände zu erhalten erscheint fast unmöglich, da Menschen den Tieren immer mehr Lebensraum wegnehmen, ihn zersiedeln oder anders für sich nutzen. Lächerliche Vorstellungen von der potenzstärkenden Wirkung des zu Mehl zerriebenen Nas-Horns, die Gier europäischer Großwildjäger und andere industrielle Interessen tun ein Übriges. Zwar ist die Jagd auf Nashörner verboten, doch kriminelle Machenschaften sind nur schwer aufzuhalten.

Nashörner gehören zu den Ceratomorpha in der tiergeschichtlichen Entwickelung, Esel zum anderen Zweig, den Hippomorpha.

Zebras sind Equiden wie Pferde und Esel.

Die Hippomorpha hat der Mensch noch nicht ganz ausgerottet. Existent ist noch die Familie der Equiden, zu denen Esel, Hemionen, Zebras und Pferde gehören.

Wildpferde

Die meisten Wildpferde sind ausgerottet. Sie wurden Opfer des Abschlachtens durch den Menschen und der Verdrängung durch Siedlungen. Der Tarpan und das Przewalski-Pferd wurden in lang andauernden Programmen von zoologischen Gärten rückgezüchtet. Ein von Professor Lutz Heck und seinem Bruder Heinz begonnenes und von Professor Henning Wiesner vom Münchener Tierpark Hellabrunn fortgeführtes Zuchtprogramm hatte Erfolg. Es ist gelungen, die Gen-Anteile, die in verschiedenen Zuchtpferden noch vorhanden waren, wieder zu fast einhundert Prozent zurückzuführen. Die ersten Urwildpferde wurden mit weltweiter Unterstützung inzwischen in einem Semi-Reservat der Mongolei ausgewildert. In einigen Jahren, so schätzen die Wissenschaftler, können die Tiere wieder vollkommen frei in der Natur leben und sich selbst überlassen werden.

So schön wild diese Herde auch wirken mag – Mustangs sind verwilderte Hauspferde, die einst vom Menschen freigelassen wurden.

In der Namib-Wüste im südlichen Namibia leben noch wenige Exemplare der sogenannten wilden „Wüstenpferde". Bei ihnen handelt es sich um ferale Tiere, also Verwilderungen von Pferden, die durch deutsche Kolonialsoldaten freigelassen worden sein sollen. Die amerikanischen Wildpferde, Mustangs, waren nahezu ausgestorben, doch inzwischen haben sich die Bestände wieder erholt. Auch die Mustangs sind ferale Tiere.

Interessant ist eine Bemerkung von Professor Günter Nobis, ehemals Direktor des Zoologischen Forschungsinstitutes in Bonn über die Geschichte der Pferde: „Die Vorfahren der echten Pferde des *Equus stenonis* zeigen am Beginn des Pleistozäns besonders im Schädel- und Zahnbau zebra-, esel- und halbeselartige Merkmale."

Ungezähmte Zebras

Zebras haben sich bis heute nicht vom Menschen unterwerfen („domestizieren") lassen. Sie leben in ariden Gebieten, die der Mensch (noch) nicht besiedelt. Ihre Anzahl nimmt bedrohlich ab. Ihre Existenz ist durch europäische Großwildjäger bedroht. Drei Arten haben bis heute überlebt: Im östlichen bis südwestlichen Afrika das Grevy-Zebra, in Namibia und Südafrika das Burchell-Zebra (auch Steppenzebra genannt) und in südlichen Randgebieten der Namib-Wüste, in der westlichen Etosha-Pfanne und im Kaokoland Namibias das Chapmann-Zebra (Bergzebra genannt). Ausgerottet worden ist das Quagga, eine vierte Zebra-Art, die in einem Gebiet Namibias zwischen dem Oranje-Fluß im Süden, Gobabis im Osten und Maltahöhe im Westen gelebt hat.

Esel

Esel als dritte Untergattung der Equiden scheinen bis heute nur deswegen nicht ausgerottet zu sein, weil der Mensch sie auch domestiziert hat. Nach Ansicht einiger weniger Wissenschaftler soll der Esel das einzige Säugetier sein, das sich dem Menschen freiwillig angeschlossen hat. Beweisbar ist diese sympathische Darstellung leider nicht.

Wildesel müssen international vor dem Ausrotten durch den Menschen geschützt werden. Rettungsprogramme laufen unter Geheimhaltung vor der Öffentlichkeit ab.

Esel in Zahlen

Interessant ist, dass zurzeit die Zahl der Esel und Maultiere auf der Welt im Gegensatz zu den Pferden zunimmt. Nach einer von der FAO (Food and Agriculture Organisation, eine Unterorganisation der UNO) vorgenommenen Untersuchung gab es 1982 auf der Erde 38,9 Millionen Esel, zwei Jahre später eine Million mehr. Bei den Pferden gingen die „Produktionszahlen" weltweit leicht zurück. 1982 waren es 64 Millionen, zwei Jahre später einhunderttausend weniger. Die meisten Esel leben in Asien (ohne die ehemalige Sowjetunion 19 Millionen), gefolgt von Afrika (12,2 Millionen) und Amerika (einschließlich USA 7,2 Millionen). In Europa wurden 1984 letztmals 1,2 Millionen Esel geschätzt.

Solche Zahlen sind mit großem Vorbehalt zu sehen. Das Poduktionsjahrbuch der FAO kann nicht alle tatsächlich existierenden Tiere erfassen. Das wird an einem Beispiel deutlich. Deutschland wird von 1975 bis 2004 mit einer Anzahl von 0 Eseln und 0 Maultieren in der Welt-Liste aufgeführt. Da bei uns die Zucht von Eseln nicht anerkannt ist, erscheinen sie nicht in der Statistik der FAO. Auch die in Großbritannien lebenden Esel werden nicht berücksichtigt, da dort die Zucht von Eseln ebenfalls nicht anerkannt ist. Seitdem Esel mehr in Mode gekommen sind, gibt Spanien gegenüber der FAO seit 1995 für jedes Jahr gleichbleibend an, 70 000 Tiere zu halten, als ob sich diese Zahl nie ändern würde. Das ist ebenso zweifelhaft wie die namibische Zählung von 35 048 Eseln für die FAO. Dort werden es mit Sicherheit viel mehr sein und eine so exakte Zählung ist angesichts der geringen Bevölkerungsdichte schon technisch gar nicht möglich (die staatliche Grundfläche entspricht einer Ausdehnung von Schottland bis Venedig bei nur 1,5 Millionen Einwohnern!). Bei allem Vorbehalt: Die Zahl der Esel nimmt zu.

> ### Info
>
> #### Maultiere und Maulesel
>
> *Maultiere und Maulesel gehören nicht zum zoologischen Ordnungssystem, da es sich um Kunstprodukte des Menschen handelt. Kreuzungen zum Beispiel zwischen Esel und Pferd oder Zebra und Esel gibt es in der Natur nicht.*

Auch die Anzahl der Esel in Europa nimmt zu.

Die Geschichte der Esel

Vieles liegt im Dunkeln

Die Geschichte der Esel als Begleittier des Menschen ist eine Aufzählung von extremen Verhaltensweisen dem Tier gegenüber. Im Altertum göttergleich verehrt, bis heute in vielen Ländern zur Arbeit geprügelt und als neues Modetier zu Tode liebkost, schlingert der Esel durch die Menschheitsgeschichte.

Schon die Geschichte der Wildesel ist unklar. Zoologen und Altertumsforscher widersprechen sich in der Bewertung von Knochenfunden, wissen zum Teil noch nicht einmal, ob es sich um Esel, Pferde, Hemione oder Antilopen handelte. Wann der Mensch den Esel domestizierte oder sich der Esel dem Menschen anschloss, ist ebenso umstritten. Hausesel soll es je nach Autor seit drei- bis siebentausend Jahren und länger geben.

Esel im alten Ägypten

Altertümliche Darstellungen der Menschen sind oft unklar, nicht naturnah, von religiösen Vorstellungen und damals gängigen Tabus und Riten verklärt. Manche Forscher vermuten, dass es Kreuzungen zwischen Onagern und Pferden gegeben hat, als die ägyptischen Pyramiden gebaut wurden, solche Hybriden sollen schon Streitwagen gezogen haben.

Andere Wissenschaftler glauben, das seien Esel gewesen. Unstrittig ist, dass die pyramidalen Grabzeugnisse krankhafter Gigantomanie der zu jener Zeit herrschenden Despoten ohne Hilfe von Eseln nicht hätten gebaut werden können. Es gibt keine Aufzeichnungen darüber, wie viele Menschen- und Tierleben die Pharaonen für den Bau ihrer monumentalen Gräber gewissenlos verbraucht haben. Der damals herrschende Größenwahn kannte keine ethische Grenze. Das kulturelle und religiöse Leben der Menschen ist auch in anderen Regionen untrennbar verbunden mit dem Schicksal von Eseln. Jede heute weitverbreitete Religion kennt Geschichten, in denen Esel eine Rolle spielen. Es ist bemerkenswert, dass es in deutscher Sprache mehr Bücher gibt, in denen religiöse Märchen über Esel erzählt werden als Sachliteratur über diese Tierart. In der christlichen Bibel steht, Jakob und seine Brüder seien mit Eseln geritten, Jesus soll auf einem Esel nach Jerusalem gekommen sein. Eindeutige Eseldarstellungen existieren in Ägypten zum Beispiel im Grab 75 der Pyramiden von Gizeh, das aus der Fünften Dynastie der Pharaonen stammen soll und auf ein Alter von etwa viertausend Jahre geschätzt wird. Dort wird eine Eselsänfte dargestellt. Anders verhält es sich mit einer Vasenmalerei aus dem antiken Griechenland. Dionysos und Hephaistos sollen mehrfach auf Eseln dargestellt sein. Die Tiere sehen allerdings eher nach Pferden aus, kurzohrig, mit zebrulen Beinstreifen. Möglicherweise handelt es sich um Hemione.

Info

Höhlenmalereien

Sehr umstritten ist eine Felszeichnung in einer Höhle im Perigord, genannt „Equide von Lascaux". Nach neueren technischen Untersuchungen soll die Zeichnung siebzehntausend Jahre alt sein. Einige Wissenschaftler glauben, einen Esel zu erkennen, andere bestreiten das. Das Tier hat nicht den für Esel üblichen Quastenschwanz, es könnte sein, dass dem Zeichner lediglich die Ohren ein wenig lang geraten sind. Jeder unbefangene Betrachter wird auf Anhieb ein Pferd erkennen.

Geachtet und geschätzt

Nicht zweifelhaft ist, dass Esel in früheren menschlichen Kulturen sehr geachtete Tiere waren, deren praktischen Nutzen die Menschen schätzten. Sie dankten ihnen das in Mythologie und Religion durch entsprechende Erzählungen.

Mit zunehmender Entwicklung von Zoologie und Tierverhaltensforschung erhielt der Esel seine heute noch nachweisbare Bewertung als ein lebens- und sinnenfrohes Tier. Sexuelle Potenz, Liebeslust sah man gepaart mit Intelligenz, Schläue und einem gut entwickelten Selbsterhaltungstrieb. Das dadurch erkennbare Selbstbewusstsein dieser Tierart prägte den Esel zum Vorbild auch vieler „kleiner Leute", mit dem sich immer mehr Menschen zu schmücken begannen. Oft wurde der Esel als ein Sinnbild der Auflehnung gegen die Obrigkeit genutzt. In einer „Eselsmesse" machte man sich über den Papst und seine Vasallen lustig.

Diese alte Zeichnung fand der Autor auf einer Hauswand in Namibia.

Die Geschichte der Esel

Der Milch von Eselstuten wurde eine heilende Wirkung selbst nach lebensgefährlichen Vergiftungen für den Menschen zugesprochen. Süße und Energiegehalt würden nur noch von der menschlichen Milch übertroffen, heißt es. Wer Eselsmilch als kosmetisches Mittel verwende, zögere den Alterungsprozess hinaus. In einigen Sagen und Fabeln überlebten Menschen nur durch den Genuss von Eselsmilch. Das hochverehrte Tier wurde mehr und mehr zum Symbol von Körperkraft, Lebens- und Sinnenfreude.

Herabwürdigung durch die Kirche

Das widersprach den zur selben Zeit geltenden Moralvorstellungen vor allem der katholischen Kirche. In jüdischen und islamischen Gesellschaften behielt der Esel seine Wertschätzung bis heute. In christlich geprägten Kulturen nahm die Herabwürdigung seinen Lauf, die bis heute fortwirkt. Plötzlich wurde der Esel als „dumm", „störrisch", „faul" und – wie sollte es anders sein – als „geil" beschimpft.

Im südfranzösischen Baskenland ist in einer Kathedrale diese Darstellung zu sehen. Statt eines Esels wird ein Pferd abgebildet.

Noch im Mittelalter trugen auch im heutigen Europa die höchsten Adelsstände stolz Esel in ihren Wappen. Kaum denkbar, dass heute eine große Firma im deutschsprachigen Raum den Esel zum Firmensymbol erwählt ...

Go West – Esel in Amerika

Trotz ihres christlichen Glaubens ist den Nordamerikanern wegen der Entstehung ihres Staates der Esel ein positiv besetztes Symbol geblieben. Ohne Esel hätten keine Maultiere gezüchtet werden können, die allein dazu in der Lage waren, für die Besetzer des

Achtspännig fahren die WAMBO im Norden Namibias zu dem riesigen Oponono-See zum Fischen. Das Eselgefährt zieht eine große Menge Fische nach dem Fang zum weit entfernten Markt.

indianischen Lebensraumes Material und Waffen über lange Strecken in ariden Gebieten zu befördern und damit die Vertreibung und Ermordung der Einheimischen und die Besetzung überhaupt möglich zu machen. Die Demokratische Partei der USA trägt einen Esel in ihrem Wappen. Der ehemalige US-Präsident Clinton hält einen Esel. Der erste Präsident der Vereinigten Staaten von Amerika, George Washington, war Esel- und Maultierzüchter.

Missverstanden und gequält

In Europa gelten Esel bis heute als Tiere zweiter Klasse, werden verhöhnt, ausgenutzt, falsch ernährt und als Spielzeuge zu Tode liebkost.

Mit Schlägen treiben dumme Menschen Esel an, die wegen einer von ihnen erkannten Gefahrenlage den Dienst beim Tragen oder Reiten verweigern. In einigen nordafrikanischen Ländern gibt es die abscheuliche Sitte, Eseln am Körper eine offene Schnittwunde beizufügen, die durch ständiges Bestreuen mit Salz offen gehalten wird, um mit einem kleinen Stecken darin zu bohren, wenn der Esel nicht mehr weitergehen will. In Europa hat man das Aufschlitzen der Nüstern erfunden. In die so verunstalteten Nasenlöcher wurden Marterinstrumente eingefügt. Vielfach wird das als Vorläufer der heute noch benutzten Gebisse und Trensen angesehen. Das ist ein in nahezu allen Pferdebüchern gern verschwiegenes Thema. Denn Eisenstangen werden heute noch gedankenlos weit verbreitet in Mäuler eingesetzt, um den Tieren mittels Schmerz den Willen des Menschen aufzuzwingen.

In krassem Gegensatz dazu steht die Tradition, Esel als Kinderspielzeug zu halten, sie zu verhätscheln und oft nur aus Unwissen zu Tode zu füttern. Bei europäischen Schau-Wettbewerben sieht man meist verfettete Tiere, die von ihren dennoch stolzen Besitzern mit Leckereien einem zu frühen Tod zugetrieben werden.

Wichtig

Kein Kinderspielzeug

Esel sind wie alle anderen Tiere keine Plüsch-Spielzeuge. Kinder können solche Tiere nicht verantwortungsbewusst halten. Esel gehören in die Hand eines erwachsenen Menschen.

Auswahl, Haltung und Pflege

Eselkauf

Esel schweben nicht aus dem unendlichen Kosmos auf eine paradiesische Erdenweide hernieder, wo sie ihrem geliebten neuen Besitzer fortan als Schmusetier willig bis zu ihrem sanften Lebensende gerne dienen. Esel muss man im Regelfall kaufen, wenn man selbst kein Züchter ist. Rechtlich sind Tiere in unserem Kulturkreis eine Ware, die mit Geld bezahlt wird. Dieses pikante Thema ist für Menschen und Tiere äußerst wichtig.

Vorbereitungen vor dem Kauf

Als Erstes gilt es nachzudenken, sich zu informieren, zu entscheiden, Vorbereitungen zu treffen. Das ist nichts Besonderes und trifft für jeden Tierkauf zu, ob es sich um einen Goldfisch, Hamster, Hund oder Esel handelt.
Wer einen Esel haben möchte, muss sich zunächst darüber im Klaren sein, dass dieses Tier fünfzig Jahre alt und gelegentlich älter werden kann. Es ist mit einer langdauernden Verantwortung verbunden, sich für einen Esel als Lebenspartner zu entscheiden. Die meisten Ehen werden in Deutschland heute nach einem kürzeren Zeitraum geschieden ...

„Bis dass der Tod Euch scheidet" ist eine Mahnung, die leider bei nur wenigen Partnerschaften Realität wird. Das gilt auch für die Beziehung zwischen Mensch und Esel. Die meisten Esel haben im Lauf ihres Lebens mehrere Menschen als Besitzer. Entweder werden sie irgendwo als Fohlen geboren, gehätschelt, verschmust, liebkost und gehegt, bis sie erwachsen sind, um dann weiterverkauft zu werden, damit Platz für ein neues Plüschtier ist, oder sie müssen noch als erwachsene Tiere viele Orts- und Besitzerwechsel ertragen. Ein gesunder, charakterlich einwandfreier und gut behandelter Esel verträgt das sehr gut.

Mini-Esel

Eine aus den USA herüberschwappende Mode ist abstoßend: Die Miniaturisierung von Tieren. Zu Recht treten alle Tierschutzverbände vehement gegen die Verzwergung an, die meist durch Qualzüchtungen künstlich bewirkt wird. Über Generationen hinweg werden die Tiere mangelhaft ernährt und/oder inzüchtig vermehrt, gelegentlich werden Hormone und andere chemische Hilfsmittel oder enge Zwangshaltungen angewendet, um zu solchen abscheulichen Zuchtprodukten zu gelangen. Dadurch verkommen Tiere zu Modeartikeln und erhalten noch leichter den Charakter eines lebenden Spielzeugs. Das gilt auch für Zwergesel.

Solche Mini-Tiere werden entweder als billige Spielgefährten verkauft oder ihr Preis wird von Sammlern hochgetrieben. Nicht nur in Spanien landen Zwergesel in großer Zahl manchmal noch lebend an Kühlschränke angebunden auf Mülldhalden, wenn sie als Spielzeug nicht mehr willkommen sind. Meist werden sie nach einiger Zeit mit Kadavern anderer Tiere in Schlachthöfen zu Tierfutter vermahlen.

Esel und Kinder

Kleine Kinder werden groß und damit zu schwer für kleine Esel. Wer seinem Kind einen Esel kaufen möchte, darf das nicht vergessen. Es ist wunderbar, wenn ein Kind mit einem Esel aufwachsen kann und beide gemeinsam größer und erwachsen werden. Allerdings nur unter fachgerechter Anleitung und Aufsicht eines erwachsenen Menschen kann ein Kind dabei spielerisch lernen, dass ein Tier kein Sportgerät ist, sondern ständige Zuwendung, Betreuung und Verantwortung benötigt. Immer trägt allein der Erwachsene die Verantwortung für das betreffende Tier.

Esel sind sehr sozial und schließen sich schnell dem Menschen an.

Info

Lose soziale Bindung

In der Natur ist der Esel kein Herdentier wie das Pferd, liebt lockere soziale Bindungen und wechselt diese gerne. Dennoch ist ein Esel weder Spielzeug für Kinder noch ein Geschenkartikel.

> **Info**
>
> **Große Esel**
>
> Oft ist es besser, das Fohlen einer größeren Eselrasse auch für ein noch kleines Kind zu erwerben. Sonst besteht schnell die Gefahr, dass das Kind zu groß und zu schwer für den kleinen Esel ist.

Kein Erwachsener darf vergessen, dass ein Kind den langen Zeitraum für die Verantwortung einem Tier gegenüber nicht begreifen kann. Jeder Erwachsene, der seinem Kind ein Tier kauft, muss selbst dazu bereit sein, die alleinige und völlige Verantwortung für dieses Tier zu tragen und auch dann für es zu sorgen, wenn sein Kind das Interesse verlieren sollte. Leider denken Eltern zu oft daran, ihrem Kind ein Tier zu kaufen, weil sie die eigene pädagogische Verantwortung abschieben wollen oder sich nicht ausreichend Zeit für ihr Kind nehmen wollen.

Esel sind wie alle Tiere weder Geburtstagsgeschenk noch Tombola-Gewinn. Wer bei einem verantwortungsbewussten Züchter nach dem Preis für einen Esel fragt, den er einer anderen Person schenken möchte, wird die Auskunft bekommen: „Wir verkaufen Ihnen keinen Esel, verschenken Sie einen Gutschein."

Was ein Esel braucht

Als vegetarisch lebendes genügsames Huftier, dessen Herkunft die Wüste ist, benötigt ein Esel nicht viel. Mindestanforderung sind ein je nach Charakter und Größe des Tieres ausreichender Weideplatz mit Auslauf, ein stabiler Unterstand mit einem dichten Dach, der nach drei Seiten geschlossen sein muss, eine möglichst naturgerechte Haltung, artgerechte Ernährung und ein oder besser mehrere Sozialpartner. Das können andere Tiere oder auch Menschen sein, am besten aber natürlich Esel. Wer das dem Esel während seines ganzen langen Lebens bieten will und kann, der erfüllt die Minimalvoraussetzungen zum Kauf eines Esels.

Wo man Esel kaufen kann

Im deutschsprachigen Raum dürfen Esel erfreulicherweise nicht von Zoohandlungen verkauft werden. Berufszuchten sind in Europa selten, die wenigen findet man in Frankreich, Spanien und Italien. In Deutschland ist die Zucht von Eseln nicht anerkannt. Wer keinen Rasse-Esel aus einer Berufszucht sucht, ist auf Tierhändler und Privatleute angewiesen. Allerdings werden dort meist nur Kreuzungstiere aus unbekannter Herkunft angeboten.

Köpfe junger Esel verleiten leicht zum Verhätscheln, weil sie dem „Kindchenschema" entsprechen, das diesen assoziativen Reiz auch bei Menschen auslöst.

Auswahl, Haltung und Pflege

Die plüschigen Fohlen der Poitouesel wirken sehr anziehend auf Menschen.

Sogenannte Bastarde können liebenswerte Geschöpfe sein, gesund, charakterlich einwandfrei und ihrem Besitzer ein Leben lang nur Freude bereiten, das ist aber leider nicht immer der Fall.
Über Jahrhunderte hinweg haben Menschen Esel nach dem Zufallsprinzip verkreuzt, vermehrt, inzüchtig gepaart und meist billig verschachert. Vererbungsgesetze und Eugenik wurden nur selten beachtet. So konnten sich genetisch unerwünschte Eigenschaften wie körperliche und charakterliche Defekte ausbreiten. Das hat zu einer Verfestigung der Vorurteile gegenüber Eseln beigetragen. Nur wenige Rassen sind durch offizielle Standards und staatlich kontrollierte Zucht davor bewahrt worden. Heute neigen die meisten Tierschützer und Esel-Liebhaber dazu, die alten Rassen wiederzubeleben und der Privatvermehrung ein Ende zu bereiten.

Vom Züchter

Wer einen ordentlich gezüchteten Esel sucht, muss sich zurzeit noch die Mühe machen, nach Frankreich, Italien oder Spanien zu fahren. Nach Angaben des Bundesministeriums für Landwirtschaft und Forsten in Übereinstimmung mit den Tierzuchtbeauftragten der deutschen Bundesländer ist die Einführung der Eselzucht nicht vorgesehen, es gibt kein Zuchtbuch und keine Eselrasse. Die Lage in Österreich und der Schweiz ist identisch.

Eselkauf

Vom Händler

Tierhändler haben oft nicht zu Unrecht einen schlechten Ruf. Dazu haben viele Vertreter dieser Branche selbst beigetragen. Dennoch gibt es auch seriöse und tierfreundliche, ehrliche Menschen unter ihnen, die Achtung vor den Lebewesen haben, mit denen sie handeln. In einigen Fernsehreportagen sind sie gemeinsam mit Tierschützern als Kritiker ihrer Branche aufgetreten. Einige haben wesentlich dazu beigetragen, Missstände zum Beispiel hinsichtlich der zu langen Tiertransporte unter gnadenlosen Umständen aufzudecken. Dem Kaufinteressenten für einen Esel wird es schwerfallen, einen solchen Tierhändler zu finden. Möglicherweise können örtliche Tierschutzvereine helfen. Wer weder einen professionell gezüchteten Esel im Ausland erwerben noch beim Händler kaufen möchte, ist auf Privatpersonen angewiesen.

Aus privater Hand

Beim Kauf eines privat angebotenen Esels darf man sich von Kopf, Herz und Bauch leiten lassen.

Viele Tierliebhaber haben sich angesichts einer kleinen Gruppe von Mischlingseseln bei Privatleuten durch ihr Gefühl leiten lassen. Gelegentlich, so heißt es, suche sich der Esel seinen neuen Besitzer selbst aus und zeige das, indem er sich aus einer Gruppe löse, um den Kontakt zu suchen.

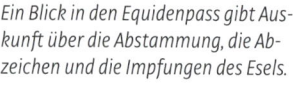

Ein Blick in den Equidenpass gibt Auskunft über die Abstammung, die Abzeichen und die Impfungen des Esels.

Die spontane Zuneigung zwischen Mensch und Tier ist gewiss nicht die schlechteste Basis für eine lang dauernde Freundschaft. Sie hat aber dieselben Risiken wie die „Liebe auf den ersten Blick" unter Menschen. Dennoch: Tierkauf ist nicht nur eine Sache des Geldes und des Vertrauens zwischen Verkäufer und Kaufinteressent. Das hat durchaus auch etwas mit Gefühlen zu tun. Wer sich von seinen Emotionen leiten lässt, darf den Kopf nicht abschalten, dann wäre er schlecht beraten. Er muss sich, wie schon geschrieben, darüber im Klaren sein, dass er für zig Jahre ein Tier erwirbt. Dabei wird er sehr viel mehr Geld, Arbeit, Geduld und Zeit aufbringen müssen als beim Kauf. Nicht selten ist eine höhere Investition beim Kauf die bessere Entscheidung. Schnäppchen gibt es bei Tieren nicht.

Kaufvertrag

Auch beim stark gefühlsmäßig geleiteten Kauf müssen formale Voraussetzungen für die Abwicklung des Geschäftes erfüllt werden, sonst kann es ein böses Erwachen für Mensch und Tier geben. Beim Eselkauf entsteht ein Kaufvertrag zwischen Verkäufer und Käufer. Es gelten die Bestimmungen des Bürgerlichen Gesetzbuches, deren Erläuterung hier zu weit führen würde. Normalerweise gilt bei Tieren der Grundsatz „Gekauft wie gesehen".

Das bedeutet, Reklamationen nach Abwicklung des Kaufvertrages sind ausgeschlossen. Wird ein Tier nach dem Kauf krank oder stirbt, entstehen gegenüber dem Verkäufer in den seltensten Fällen Ersatzansprüche. Der Käufer hat nachzuweisen, dass bereits zum Zeitpunkt des Kaufs ein Mangel bestand, der arglistig verschwiegen worden ist.

Die Maße des Esels

Zusätzlich muss das Tier vermessen werden: Widerrist-Höhe in Stockmaß, Ohrenlänge, Röhrbeinumfang, Länge des Leerraums zwischen Bauchunterseite und ebenem Boden, Hufumfang, Leibumfang. Das Gewicht sollte nach einer Formel berechnet oder auf einer Landwirtschaftswaage exakt bestimmt werden. Die äußere Erscheinung wie Fellfarbe, besondere Abzeichen, Wirbel im Fell, Narben, Stellung der Gliedmaßen, Form des Rückens und des Kopfes müssen ebenso wie das Geschlecht des Tieres und sein exaktes Alter im Vertrag schriftlich verbindlich festgehalten werden. Sollte ein privater Verkäufer hier nachweisbar die Unwahrheit behaupten, ist er regresspflichtig.

Wichtig!

Was in den Vertrag gehört

Verkäufer und Käufer sollten einen schriftlichen Vertrag abschließen. Darin muss der Esel verwechslungsfrei beschrieben sein. Die beste Möglichkeit ist gegeben, wenn es sich um einen Rasse-Esel mit staatlich anerkannten Herkunftszeugnissen und anderen Papieren handelt. Diese Tiere sind fast immer elektronisch mit einem Chip unter der Haut markiert. Das kann man auch bei einem Esel machen, der von einem privaten Vermehrer angeboten wird. Tierärzte markieren gegen eine Gebühr solche Tiere. Das ist für den Esel so gut wie schmerzlos.

Ein gemeinsamer Spaziergang vor dem Kauf ist keine schlechte Idee.

Info

Equidenpass

Seit dem EU-Bschluss vom 1. Juli 2000 benötigt jeder Einhufer (also Pferde, Ponys, Esel und Maultiere) einen Equidenpass. Der Equidenpass ist wie ein Personalausweis, das Dokument begleitet den Esel sein Leben lang und muss bei jedem Transport mitgeführt werden. In ihm wird folgendes festgehalten:
› Eindeutige Identifizierung des Tieres: Geschlecht, Farbe, Abzeichen, Brände, Narben und Wirbel. Die Merkmale werden in eine Umrisszeichnung aufgenommen, die das Tier von allen Seiten zeigt.
› Schlachtung ja oder nein? Diese Entscheidung wird einmal getroffen und ein Leben lang beibehalten.
› Dokumentation der verabreichten Medikamente
› Impfungen. Der Equidenpass ersetzt den bis dahin mitgeführten Impfausweis.

Die Elterntiere

Im Vertrag müssen die Elterntiere und deren Daten (Namen, Chipnummern, Größen, Farben, Geburtsdaten, Besitzeradressen) lückenlos festgehalten sein. Der Verkäufer muss schriftlich versichern, dass das verkaufte Tier seit dessen Geburt ununterbrochen in seinem Besitz war oder er muss alle Vorbesitzer mit ihren Anschriften und den jeweiligen Besitzzeiträumen auflisten. Sollte der Verkäufer nicht wissen, wer die Elterntiere oder Vorbesitzer sind, muss er das ehrlich angeben. In einem solchen Fall hat der Käufer die Möglichkeit, sich zu überlegen, ob er das Risiko des Kaufs eines Tieres unbekannter Herkunft eingehen möchte oder nicht. Die unbekannte Herkunft birgt nämlich auch die Möglichkeit inzüchtiger Vermehrung mit den beschriebenen genetischen Defekten in sich.

Ankaufsuntersuchung

Die Gesundheit des zu kaufenden Esels muss am Tag des Kaufs von einem Tierarzt geprüft und schriftlich bescheinigt werden. Die für eine tierärztliche Untersuchung entstehenden Kosten muss der Käufer tragen. Sie zahlen sich im Regelfall aus. Zu oft mussten gutgläubige Käufer später den Kaufpreis des Tieres weit übersteigende Kosten für Tierärzte aufbringen, bis sie einen gesunden Esel ihr eigen nennen konnten. Doch Vorsicht: Selbst ein Tierarzt kann oft versteckte gesundheitliche Mängel nicht erkennen.

Equidenpass

Der Esel muss über einen Equidenpass verfügen, in dem auch die notwendigen Impfungen im Laufe seines Lebens eingetragen wurden, die von einem zugelassenen Tierarzt bescheinigt sein müssen. Wer alle diese formellen Bedingungen beim Kauf eines Esels von einer Privatperson beachtet, kann einigermaßen sicher sein, ein Tier zu erwerben, das wenigstens in etwa dem eines beruflich kontrollierten Züchters entspricht und sich so vor späteren Enttäuschungen weitgehend schützen.

Rechte und Pflichten

Der Kaufvertrag muss Ort und Datum des Abschlusses sowie die vollständigen Adressen von Käufer und Verkäufer enthalten. Vom Zeitpunkt des eingetragenen Datums und der Unterschrift an gehen in der Regel alle Rechte und Pflichten auf den Käufer über, der somit neuer Besitzer ist. Das gilt auch dann, wenn der Esel nicht sofort mitgenommen werden kann, sondern zu einem späteren Zeitpunkt abgeholt wird. Wird ein Esel vor dem Termin der Abholung krank, geht das zulasten des neuen Besitzers. Richtet er in der Zwischenzeit einen Schaden an, haftet der neue Besitzer. Ausnahmen müssen im Kaufvertrag schriftlich festgehalten sein. Das Transportrisiko geht in der Regel ebenfalls zulasten des neuen Besitzers, wenn nichts anderes vereinbart ist. Für entsprechende Versicherungen muss der Käufer selbst sorgen.

> **Tipp**
>
> **Tierhaftpflichtversicherung**
> *Eine Tierhalter-Haftpflichtversicherung ist ratsam. Sie tritt für den Fall ein, dass ein Esel Schäden verursacht. Im deutschsprachigen Raum werden Esel meist als „andere Tiere" geführt, da den Versicherern keine Statistiken über Eselhaltung bekannt sind. Das macht die Versicherungen gelegentlich teurer als für Pferde. Vergleiche lohnen sich.*

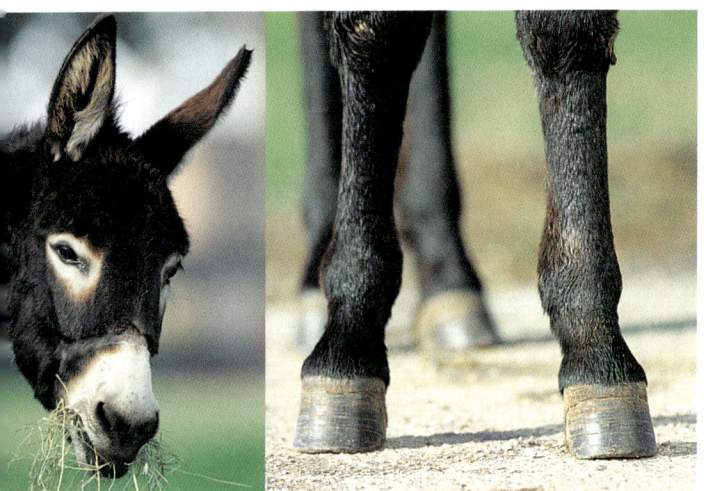

Haltung, Charakter, Statur und Zustand der Hufe sollten unbedingt beim Kauf kontrolliert werden.

Manche Eselfreundschaften sollte man nicht auseinanderreißen.

Tiere sind kein Schnäppchen

Für den Tierkauf insgesamt gilt: Teurer ist manchmal billiger! Vor Discountangeboten von ominösen Vermittlern sei gewarnt. Diese sind nicht selten in Wahrheit Händler, wollen aber ihre für diese Tätigkeiten erhaltenen Provisionen vor dem Finanzamt verbergen und benutzen darum den unzutreffenden Begriff „Vermittler".
Wer Esel über Versandlisten wie Katalogware anpreist (ob brieflich oder per Internet), telefonisch Verträge abschließen will oder andere Händler einschaltet, die sich gelegentlich Vermittler nennen, der hat oft keinen seriösen Tierverkauf im Sinn. Vorsicht ist auch geboten, wenn der Verkäufer mit fadenscheinigen Argumenten Druck auf einen Interessenten ausüben will. Hier sind der Fantasie keine Grenzen gesetzt. Zur Warnung nur einige wenige Beispiele aus der Praxis, die oft genannt werden:

„Ich habe eine Reihe von Eseln vor dem sicheren Tod gerettet, sie wurden von einem gewissenlosen Händler in Waggons gepfercht aus dem Osten herübergebracht. Da ich selbst keinen Platz für so viele Tiere habe, muss ich sie rasch verkaufen. Das ist der Grund, warum ich sie so billig abgeben kann."

„Ich habe den Esel geerbt, meine Oma ist vor kurzem gestorben und ich wohne in der Stadt, wo ich das Tier nicht halten kann. Darum ist es so günstig."

„Ich züchte nur aus Hobby und nicht, um Geld zu verdienen. Darum kann ich meine Tiere billig abgeben und muss nicht so teuer sein wie ein Berufszüchter."

„Man hat uns ein Weideland aus der Pacht genommen, jetzt müssen wir unsere Herde verkleinern."

„Ich kenne in Irland (Polen, Ungarn, Rumänien, Bulgarien) arme Bauern, denen ich unter die Arme greife. Die brauchen dringend Geld. Von ihnen habe ich den Esel günstig erworben. Ich verdiene nichts daran, darum kann ich ihn so günstig weiterverkaufen."

„Ich kann das Tier hier nicht mehr halten, die Nachbarn sind dagegen. Wenn ich es jetzt nicht verkaufe, bleibt mir nur, den Esel ins Schlachthaus zu geben, mir würde das Herz brechen."

„Ich bin kein Händler, ich bekomme keine Provision, ich vermittle nur einfach eine Adresse von jemandem, der einen Esel zu verkaufen hat."

Die Liste ist beliebig fortzusetzen. Mit solchen und anderen Methoden werden im deutschsprachigen Raum übrigens auch Esel verschachert, die als Einzeltiere auf Weiden bei Privatleuten getarnt untergebracht wurden, die Massenviehhändlern als Strohleute dienlich sind. Wer Esel aus Massentransporten kauft, unterstützt damit die abscheulichen Praktiken! Möglich sind solche Methoden nur, weil es im deutschsprachigen Raum keine amtlich kontrollierten Herkunftszeugnisse für Esel gibt.

In jedem Fall sollte man äußerst skeptisch sein, wenn ein Esel als billige Ware angeboten wird und der Verkäufer die zuvor beschriebenen Bedingungen eines ordentlichen Kaufvertrages nicht erfüllen will. Liegt ein offerierter Preis unter den Kosten, die für Futter, Pflege, Impfung, Hufpfleger und Tierarzt für einen Esel aufzubringen sind, der das betreffende Alter erreicht hat, dann sollten in jedem Fall alle Alarmglocken schrill läuten. Ein Esel-Liebhaber wird sein Tier nicht zu einem Preis verkaufen, der weit unter dessen Wert liegt. Ein Eselfreund wird den Wert seines Tieres auch deswegen in einer angemessenen Geldhöhe festlegen, die ein Käufer dafür zahlen muss, damit er einigermaßen sicher sein kann, dass der neue Besitzer das Tier schätzt und achtet.

Tiere sind kein Schnäppchen, schon gar keine Rasse-Esel. Achten Sie auch darauf, wie die Esel gehalten werden.

Mehr Ansehen für Esel

Tierschützer und Esel-Liebhaber kämpfen seit zig Jahren dafür, dass die Langohren nicht zur billigen Discountware verkommen. Dazu sei die Präsidentin des Amerikanischen Esel- und Maultierverbandes (ADMS), Betsy Hutchins, zitiert:

„In der Vergangenheit sind Esel zu sehr niedrigen Preisen verkauft worden, sogar der wertvolle Großesel. Es kann nicht laut genug betont werden, wie zerstörerisch sich das auf die Rasse, die Zucht und die Liebhaber auswirkt. Die Menschen neigen dazu, einen billigen Esel für ein wertloses Tier anzusehen, das irgendwann einmal gerade noch zu Hundefutter taugt. Wir vom Amerikanischen Esel- und Maultierverband haben viele Jahre dafür gekämpft, dass der Esel in der Öffentlichkeit ein höheres Ansehen erhält und uns für hohe Preise für gute Tiere eingesetzt. Menschen, die nur 'einen Appel und ein Ei' für ein Tier zu zahlen bereit sind, versorgen so ein Tier normalerweise nicht sachgerecht, sondern halten es als Spielzeug. Außerdem ist für jedes Tier nicht der Kaufpreis entscheidend, sondern die Folgekosten. Der Unterhalt für einen guten Esel kostet ebenso viel wie für einen schlechten. Dabei kann es noch teurer kommen, einen billig gekauften Esel zu ernähren, ihn in gute körperliche Kondition zu bringen und fit zu halten. Es ist in jedem Fall viel besser, für ein gutes Tier einen angemessen hohen Preis zu zahlen, als für ein schlechtes wenig, um dann nur die Möglichkeit zu haben, mit viel Geld zu versuchen, es am Leben zu erhalten."

Die „American Donkey & Mule Society" wendet sich heftig gegen niedrige Preise für Esel.

Auch Hausesel, also Mischlingstiere, sollten nicht als billige Schnäppchen zum Spaß gekauft werden.

Unterbringung

An die Hitze angepasst

Wer kennt hierzulande schon den „Eselhasen" (*Lepus californicus*)? Dieses Tier ist in den ariden Gebieten der Vereinigten Staaten von Amerika zu finden. In dem zoologischen Standardwerk „Knaurs Tierleben in der Wüste" kann man ein aufsehenerregendes Foto dieses Tieres finden. Die Ohren des den Fotografen Perry Shankle beäugenden Hasen scheinen so hoch aufzuragen, wie die Körperlänge des Tieres misst.

Das ist keine Besonderheit. Fast alle Säugetiere der Wüste haben größere und/oder längere Ohren als ihre in anderen Landschaften lebenden Verwandten. Das soll hier nur an einigen wenigen Beispielen dargestellt werden, deren Zahl sich beliebig vergrößern ließe. Große Ohren schützen vor Hitze – wer hätte das gedacht! Lebewesen in arktischen Regionen haben hingegen ganz kleine Ohren, um einen Wärmeverlust zu vermeiden.

Fast jedes europäische Kind kennt den Fuchs mit seinen kurzen Ohren. Der Fennek (Wüstenfuchs) hat fast doppelt so lange Ohren. Wüstenelefanten haben es im Gegensatz zu den asiatischen auf Ohrenflächen mehrerer Quadratmeter gebracht. Der in Wüstengebieten lebende Löffelhund (Löffel = Ohren), auch „Löffelfuchs" genannt (*Otocyton megalotis*), hat im Vergleich zu europäischen Hunden riesige Ohren, sieht man einmal von Modezuchten ab.

Ein Wüstentier in Europa

In der Wüste gibt es für Tiere mehrere Möglichkeiten, mit großer Hitze zu leben. Sie müssen sich ernähren und ausreichend Wasser aufnehmen. Dazu haben Wüstentiere Techniken entwickelt, die sich von denen ihrer europäischen Artgenossen unterscheiden. Auch ihr Sozialverhalten ist der heißen Region angepasst. Über Generationen hinweg haben sich zusätzlich anatomische Unterschiede herausgebildet, die sich auch bei den inneren Organen und dem Verdauungstrakt offenbaren. Es gibt noch das Problem, einen Ausgleich zwischen der hohen Umgebungstemperatur im Vergleich zur eigenen Körpertemperatur zu finden.

Ohne vom Esel ablenken zu wollen: Es ist interessant, die Beobachtung zu erwähnen, dass in der Kalahari-Wüste des südlichen Afrika die Gelbkehlflügelhühner mit ihren speziell dazu entwickelten Brustfedern an fernen Wasserstellen nicht nur Feuchtigkeit zum Tränken ihrer in weit davon entfernt liegenden Nestern wartenden Jungvögel transportieren können, sondern dadurch gleichzeitig im Flug ihren eigenen Körper abkühlen.

Wärmeabstrahlung ist eine weitere Möglichkeit der Angleichung von Außen- und Körpertemperatur. Die Vergrößerung der Körperoberfläche ist neben dem Verhalten eine Möglichkeit zum Überleben in Hitzegebieten. Die Dünengazelle ist ein Beispiel. Bekannter sind Dromedar, Kamel und Giraffe, die im Vergleich zum Körpervolumen durch lang gestreckten Rumpf, hohe Läufe und einen langen Hals ein für Europäer ungewöhnliches Verhältnis von Körperoberfläche zu Körpervolumen haben.

Auch Esel sind Wüstentiere

Die großen Ohren der Esel deuten schon darauf hin: Esel sind Wüstentiere. Sie zählen zu den Haustieren des Menschen, die als Wildtier in der Wüste gelebt haben, bevor sie domestiziert wurden. Wildesel sind fast ausgestorben, nur wenige kleine Programme zur Auswilderung und Wiederansiedelung gibt es. Sie werden zum Teil durch Kriege in den betreffenden Gebieten bedroht. Zoologische Gärten in Europa beteiligen sich an Erhaltungszuchtprogrammen, zum Beispiel die Stuttgarter „Wilhelma" am Schutz der Onager vor dem Aussterben. Der Esel ist ein Wüstentier. Er hat bis heute erstaunlich viel seines Verhaltens, seiner Anforderungen an Umgebung und Nahrung aus seiner Zeit als Wildtier behalten – sehr viel mehr als die aus Steppengebieten stammenden Pferde.

Elefantenohren strahlen Wärme ab und dienen als Fächer.

Esel in gemäßigten Zonen

Für jeden Tierfreund stellt sich die Frage: Darf man ein Wüstentier in Europa halten? Dazu kann man durchaus verschiedener Meinung sein. Dem steht dann nichts entgegen, wenn bei Fütterung, Haltung und Nutzung die originäre Herkunft der Tiere berücksichtigt wird. Zudem handelt es sich bei den in Europa, Australien, Amerika, Afrika und Asien von Menschen gehaltenen Eseln ausnahmslos um Abkömmlinge von Rassen und Arten domestizierter Tiere, die eine lange Adaption an andere Klima- und Vegetationsverhältnisse hinter sich haben.

Naturnahe Haltung

Wie hier in Nordafrika ruhen Esel gerne in Gruppen aus und suchen dafür auch Schatten, obwohl sie direktes Sonnenlicht gut vertragen.

Die natürliche Unterbringung für das Wüstentier Esel sieht so aus: Ein Hengst hat als standorttreuer Einzelgänger ein nicht unterteiltes Terrain von etwa fünf Quadratkilometern zur Verfügung. Das ist nur schwach mit mageren Trockengräsern bewachsen, der Boden ist hart und fast ganzjährig trocken, Felshöhlen bieten ebenso Schutz wie rindenharte Akazien. Eine Stutenherde nomadisiert zwischen den Terrains mehrerer Hengste mit ihren Fohlen.
Die natürliche Unterbringung eines Esels ist also in Europa nicht möglich. Jeder, der hier einen Esel hält, zwängt ihn in ein Gefängnis hinter Zäunen und schränkt damit sein natürliches Sozialverhalten ein. Wer einen oder besser mehrere Esel hält, hat als Tierfreund die Pflicht, für diese Nachteile einen Ausgleich zu schaffen, um eine wenigstens naturnahe Unterbringung gewährleisten zu können. Dazu ist er übrigens auch durch das Tierschutzgesetz verpflichtet, das eine artgerechte Haltung auch von Haustieren verbindlich vorschreibt. Dazu gehört die verhaltensgerechte Unterbringung mit der Möglichkeit artgerechter Bewegung.

Eselhengste

Niemals dürfen zwei Hengste zusammen auf einer Parzelle gehalten werden. In einer mehrere Hektar umfassenden Domäne können dann mehrere Hengste gehalten werden, wenn sie durch Parzellierungen, Gebüsche, Sträucher, Gebäude und Freiflächen so voneinander getrennt sind, dass sie sich möglichst nicht sehen, auf gar keinen Fall jedoch berühren können. Hören und riechen werden sie sich dennoch. Wer zwei Eselhengste auf einer Parzelle hält, begeht Tierquälerei.

Die Aggressivität eines Hengstes gegenüber Stuten beim Sexualverhalten nimmt dann stark zu, wenn ein anderer Hengst dem Territorium zu nahe ist. Es war unfassbar, in einer deutschen Fernsehreportage über einen Tierpark sehen zu müssen, wie sich zwei Eselhengste gemeinsam in einer vergleichsweise winzigen Parzelle auf eine bereits am Boden liegende rossige Eselstute warfen. Die verletzte Stute konnte sich der aggressiven Hengste nicht erwehren, wurde traktiert und noch mehr verletzt. Beide Hengste bissen sich gegenseitig. Der Kommentar zu den abstoßenden Bildern: Die Sexualität der Esel sei eben recht aggressiv …

Man kann den Produzenten des Films und den Betreibern des Tierparks zu ihren Gunsten nur Unwissenheit unterstellen. Selbst dann aber ist kaum fassbar, dass heute noch solche Qualhaltungen geduldet und sogar als völlig normal propagiert werden können.

Eselstuten

Eselstuten sollen mit ihren Fohlen nach der Geburt vom Hengst separat leben und erst nach dem Absetzen der Fohlen wieder zu ihm gelassen werden – also ein Jahr Pause haben. Die Stuten müssen mit ihren Fohlen in einer eigenständigen Gruppe leben können, der Raum dafür muss groß genug sein, dass sie darauf nomadisieren können, ihr Streben nach solchen Zugwanderungen muss wenigstens in der Form erfüllt werden, dass sie eine Rundwanderung auf einer großzügigen Parzelle täglich im selben Rhythmus vollführen können.

Das Sexualverhalten von Eseln wirkt auf Menschen oft aggressiv.

Auswahl, Haltung und Pflege

Eine Eselstute sollte ein Jahr Ruhe haben, wenn sie ein Fohlen zur Welt gebracht hat.

Das Aufziehen eines einzigen Fohlens mit nur einer einzigen Stute ist abzulehnen. Bei den Stuten sollte ein kastrierter männlicher Esel, ein Wallach, leben, der die Rossezyklen der weiblichen Tiere dem Besitzer oder Züchter anzeigt, die aufgezeichnet und kontrolliert werden müssen.

Diejenigen Stuten, die im Vorjahr ein Fohlen gesäugt haben, müssen mit ihrem Hengst auf einer gemeinsamen Parzelle frei leben können. Einen Hengst allein mit einer einzigen Stute zu lassen wäre ebenso tierquälerisch und würde zu großen Aggressionen führen. In der Natur braucht ein Eselhengst für seine Ausgeglichenheit bis zu vierzig Stuten! Die Zucht von Eseln ist also keine Angelegenheit, die von Privatpersonen als Hobby geführt werden sollte. Doch dazu später mehr.

Ein Dach über dem Kopf

Die Unterbringung von einzelnen Eseln, die nicht zur Zucht verwendet werden sollen, wirft dagegen kaum Probleme auf, auch wenn es in Europa viel kälter und feuchter ist als in der Wüste. Dauerregen und hohe Luftfeuchtigkeit sind die klimatischen Erscheinungen, die es in der Wüste nicht gibt. Sie führen dazu, dass der Boden die meiste Zeit des Jahres feucht und weich bis schlammig ist. Das bedeutet ein hohes Risiko an Fäulniserkrankungen für die Hufe eines Esels und schadet den Gelenken und der Haut der Tiere. Darum brauchen Esel in Europa einen Unterstand, in dem sie sich vor Regen und Nebel schützen können. Im Gegensatz zum Pferd ist ein Sonnenschutz für Esel nicht so notwendig. Dennoch suchen Esel das Dach bei starker Hitze gerne auf, um im Schatten zu dösen. Das trifft besonders auf dunkle und ältere Tiere zu.

Ein nach drei Seiten geschlossener Unterstand sollte einen festen Boden haben (Mergel, Beton), der regelmäßig gereinigt werden muss.

Die Wände dürfen nicht vollkommen dicht sein. Besser ist es, wenn die Luft zirkulieren kann, das trocknet. Vor allem zwischen Dach und Wänden muss Luftraum bleiben. Wir Menschen haben uns in unseren Behausungen an luftdichte Abschlüsse gewöhnt und sind auch dadurch sehr empfindlich gegen Zug und Erkältungen geworden. Für Esel gilt das nur sehr begrenzt. Man muss unterscheiden lernen zwischen Luftzirkulation und Zug.

Luftzirkulation

Damit die Gase ins Freie entweichen können, bedarf es ausreichender Luftzufuhr in einem Unterstand oder Stall. Wände aus Brettern oder Stangen mit luftigen Zwischenräumen für die Zirkulation oder die bekannte Schuppen-Bauweise haben sich bestens bewährt. Das lässt Luft hindurch, verhindert die Bildung von Kondenswasser, wehrt Regen und Nebel ausreichend ab. Esel brauchen viel Luft! Mehr als die meisten Menschen heute beispielsweise beim Autofahren ertragen können.

Futter vom Boden

Esel brauchen keine Raufe, kein Heunetz, keine Futtertröge – zum Nachteil der Zubehörindustrie. Wie alle Equiden sind Esel Tiere, die in der Regel ihre Nahrung vom Boden aufnehmen. Muskulatur und Gelenke sind dafür eingerichtet. Zwingt der Mensch sie, ständig in

> ### Tipp
>
> **Frische Luft**
>
> *Frische Luft ist gesundheitsfördernd, härtet ab, verhindert Atemwegserkrankungen. In einem zu dicht geschlossenen Raum können sich durch Urin und Kot am Boden Ammoniak- und andere Gase bilden, die zu Erkrankungen der Atemwege führen.*

Artgerechte Eselfütterung: Das trockene Heu wird auf den Boden gelegt. Oft beschnuppern Esel ihr Futter erst vorsichtig, bevor sie es zu sich nehmen (rechte Seite).

Auswahl, Haltung und Pflege

Brusthöhe zu fressen, besteht die Gefahr von Muskelverkrampfungen und Sehnenverkürzungen, die auch zu dauerhaften Schäden führen können. Wer seinem Esel sogar im Sommer noch Gras schneidet und das bequem in Brusthöhe in einer Raufe anbietet, hat nicht verstanden, was artgerechte und naturnahe Haltung bedeuten. Esel nehmen ihre Nahrung vom Boden auf.

Heu

Heu wird am Boden gefüttert. In den wenigen Ausnahmefällen, in denen auch Körnerfutter gereicht wird, bietet man das ebenfalls am Boden an, in einem Eimer geschützt vor Mist und Urin. Die Heumenge, die Esel liegenlassen, in die sie misten oder urinieren, kann als Einstreu verwendet werden. Normalerweise sind die gewohnten Fressplätze nicht auf diese Weise verunreinigt. Da Esel im Gegensatz zu Pferden keine Herdentiere mit hierarchischer Ordnung sind, nehmen sie sehr sozial ihre Nahrung auch zu mehreren Tieren in einer Reihe ohne Aggressionen auf, wenn sie aus einer charakterlich einwandfreien Zucht stammen und keine genetischen Defekte in sich tragen.

Futterplatz reinigen

Zur Fütterung gehört dennoch die regelmäßige Säuberung des Futterplatzes. Auch Esel wollen nicht aus einer „Kloschüssel" fressen. Leider haben Esel bis heute nicht gelernt, dass sie nicht mehr in den grenzenlosen Weiten einer Wüste leben. Wenn sie nach dem Aufnehmen der Nahrung umherstreifen, urinieren und misten sie auch an die Stellen, wo üblicherweise das Futter am Boden angeboten wird. Bei Außenfütterungen wird dadurch die eigene Weidefläche verkleinert. Denn in den Genen der Esel als Wüstentiere ist ja kein Mangel an Platz … Erfreuliche Ausnahmen bilden die standorttreuen Hengste, die ihre festen Territorien durch Mist und Urin markieren wie Caniden. Sie setzen den Kot an immer denselben Plätzen ab, die dadurch leicht zu reinigen sind. Den nomadisierenden Stuten ist solches Verhalten meist fremd.

Nur ein Eingang erforderlich

Unterstand und Stall für Esel brauchen nicht zwei Ausgänge wie für Pferde, wie fälschlicherweise sogar in ministerielle Haltungsempfehlungen in Deutschland übernommen wurde. Da Esel wie schon mehrfach beschrieben keine Herdentiere mit Hierarchieverhalten

Tipp

Futterplatz

Ist auf einen Futterplatz gemistet oder uriniert worden, muss er gut gereinigt werden. In einem Laufstall oder Unterstand füttert man am besten in einer Reihe an der Wand entlang, wenn man mehrere Tiere hat. Handelt es sich um charakterlich einwandfreie Esel, werden sie in Ruhe und ohne Aggressionen gegen andere Gruppenmitglieder fressen. Hält man allerdings auch nur ein Pferd mit ihnen, entsteht Aggressivität und der Kampf um den besten Platz. Das gilt auch für die meisten Maultiere und Maulesel.

Unterbringung

Nur chemisch unbehandelte Naturmaterialien sollten für den Bau einer Eselunterkunft verwendet werden.

sind, benehmen sie sich wie in der Natur, wenn sie charakterlich einwandfrei sind. Sie lassen anderen den Vortritt, und wechseln die soziale Rangfolge ständig. Sehr gut beobachten kann man solches Verhalten an den den Eseln sehr verwandten Grevy-Zebras an südwestafrikanischen Wasserlöchern.

Zäune ziehen

Die Zaunanlagen für Esel richten sich nach mehreren Gesichtspunkten: Art und Charakter der Tiere, Umgebung, Gewohnheiten, mögliche Nutzung auch durch andere Tiere, behördliche Vorschriften. Geldbeutel und Geschmack der Eselhalter sollten bei der Entscheidung für die Installation einer Zaunanlage erst an zweiter Stelle stehen.

Am besten bewährt hat sich eine Kombination aus Knotengitterzaun und Elektrodraht. Im Abstand von vier bis sechs Metern, je nach Gelände und Bodenbeschaffenheit, müssen mindestens zehn Zentimeter dicke Holzpfosten ungefähr einen halben Meter tief im Boden verankert werden und mehr als einen Meter herausschauen. Die Pfosten sollten also eine Länge von mehr als eineinhalb Metern haben. Das Material richtet sich nach dem vorherrschenden Wetter und nach den finanziellen Möglichkeiten. Fichten-, Kiefern- und Tannenholz sind günstiger, verfaulen aber rasch. Eine solche Zaunanlage wird etwa alle fünf Jahre komplett erneuert werden müssen.

Das kostet viel Zeit, Arbeit und auch Geld. In der Anschaffung erheblich teurer, langfristig aber rentabler sind Eichen- oder Robinien-Pfosten. Sie halten selbst in feuchten Gebieten zwischen zwanzig und vierzig Jahre.

Pfosten verankern

Je nach Bodenbeschaffenheit können die Pfosten ins Erdreich gerammt oder müssen einbetoniert werden. In jedem Fall empfiehlt es sich, mit einem mechanischen oder motorgetriebenen Erdbohrer zuvor ein mindestens vierzig Zentimeter tiefes Loch von etwa fünf Zentimetern Durchmesser zu bohren, darin den angespitzten Pfosten zu setzen und mit einem Vorschlaghammer oder speziellen Geräten diese Halterung für den Zaun möglichst vertikal einzutreiben. Wenn der Pfosten anschließend noch wackelt, ist er durch einfaches Stampfen oder Einklopfen von Steinen direkt um den Pfostenrand festzuklemmen. Nutzt auch das nichts, muss betoniert werden.
Eckpfosten sind mit diagonal verlaufenden Stützstreben so zu sichern, dass sie dem späteren Zug einer Drahtung entgegenwirken, auch sie werden wie beschrieben im Erdreich befestigt. Eine andere Möglichkeit besteht darin, Eckpfosten mit Drahtseilen vor dem Umfallen zu sichern, die an großen Steinen befestigt sind, welche mindestens einen Meter tief im Boden eingegraben wurden. Auch bei Verwendung von Drahtseilen kann betoniert werden, sie rosten dann allerdings leichter durch.

Knotengitterzaun ziehen

Sind alle Pfosten einer Parzelle oder einer Zaunreihe gesetzt, wird ein Knotengitterzaun von etwa einem Meter Höhe auf dem Boden liegend so ausgerollt, dass er sich im Innenteil der späteren Weide befindet und die kleineren Rechtecke bei den Pfosten liegen.
Am ersten Eckpfosten wird dann das Geflecht locker umgebunden und mit seinen Horizontaldrähten in sich selbst durch Verdrehen und Umbiegen der spitzen Enden befestigt. Daraufhin wird das Geflecht nach und nach an den Pfosten aufgestellt und dabei mit jeweils einem Metallkrampen über dem obersten Horizontaldraht angeheftet. Der Krampen darf nicht ganz eingeschlagen werden! Ist man am letzten Pfosten einer Reihe angekommen, wird das Drahtgeflecht ziemlich locker und durchgebogen an den Pfosten gehängt.

Info

Vorsicht, Robinie!

Die Rinde der Robinie (Robinia pseudoacacia) enthält Stoffe, die in größeren Mengen aufgenommen gesundheitliche Probleme bei Eseln verursachen können. Man nimmt an, dass etwa 150 Gramm frische Robinienrinde den Tod herbeiführen können. Es ist also notwendig, Robinienpfosten zu schälen. Akazien gibt es nur in Afrika. Die Robinie wird hierzulande oft „Falsche Akazie" genannt.

> ### Info
>
> #### Straffen erfordert Fingerspitzengefühl
>
> *Das Straffen des gesamten Geflechtes muss mit Gefühl vollzogen werden und erfordert ein wenig Erfahrung. Einerseits darf der Zaun nicht locker durchhängen, sondern muss sich straff gegen die Pfosten lehnen, andererseits darf er nicht so straff gespannt werden, dass die Eckpfosten trotz Gegenanker herausgezogen werden! Kontrollieren Sie beim Spannen immer wieder, ob provisorisch befestigte Krampen ein Stück versetzt werden müssen.*

Nun benutzt man zum Befestigen am letzten Pfosten für alle Horizontaldrähte des Geflechtes handelsübliche Spanner. Wenn diese mit dem entsprechenden Schlüssel leicht angezogen werden, stellt sich das Geflecht dabei gegen die Pfostenreihe und sieht schon ordentlich aus. Dann ist zu kontrollieren, ob sich das Geflecht so weit verschoben hat, dass Vertikaldrähte bereits die provisorisch angehefteten Krampen an einigen Pfosten berühren. Hier müssen die Krampen so umgesetzt werden, dass ein weiteres Spannen möglich wird, also hinter den nächsten Vertikaldraht in Richtung Anfang. Danach kann am Ende der Reihe mittels Spanner und Schlüssel weiter festgezogen werden.

Draht befestigen

Ist dieser Vorgang zufriedenstellend beendet, kann man alle Krampen am obersten horizontalen Draht des Geflechtes an den Pfosten endgültig einschlagen. Dabei muss immer noch etwa ein Millimeter Spielraum zwischen Draht und Krampen bleiben! Anschließend sind alle anderen horizontalen Drähte auf dieselbe Weise mit Krampen an allen Pfosten festzumachen. Diese zeitraubende und aufwendige Arbeit wird sich lohnen. Dadurch entsteht ein Zaungeflecht, das einerseits selbst stärkeren Stürmen genügend Widerstand leistet, andererseits einen „Trampolin-Effekt" hat.

Der naürliche Schutzreflex

Rennt ein Tier gegen einen korrekt gespannten Zaun, wird dieser leicht nachgeben, da die Krampen nicht ganz eingeschlagen sind. Dadurch stürzen die Pfosten nicht sofort um, das betroffene Tier kann nicht so leicht hinfallen und sich in dem am Boden liegenden

Der Knotengitterzaun mit einer zusätzlichen Elektrolitze innen ist die beste Abgrenzung für Eselweiden.

Geflecht etwa mit den Hufen verfangen. Im Gegenteil: Ein so gespanntes Zaungeflecht nimmt dem Aufprall des Tieres an Wucht, federt dieses zurück und bewirkt dadurch, dass es in Abstand zum Geflecht kommt. Je größer das Gewicht des Tieres und seine Aufprallgeschwindigkeit sind, desto unwirksamer wird dieser Effekt verständlicherweise. Elefanten, Kampfstiere oder Kaltblutpferde hält so ein Zaun nicht aus!

Der in manchen Büchern beschriebene Nachteil dieser Zaunanlage soll darin bestehen, dass sich ein Tier leicht mit den Hufen im Geflecht verfangen kann, in Panik gerät und sich dadurch zusätzliche Verletzungen zufügt. Meine langjährige Nutzung einer solchen Zaunanlage mit Eseln hat diese Ansicht nicht bestätigt, eher das Gegenteil ist der Fall. Weit mehr als jeweils dreißig Esel sind auf einem Dutzend Hektar Weideland auf diese Weise gehalten worden, ohne dass es auch nur ein Mal zu der beschriebenen Panikreaktion gekommen wäre.

Ein normal entwickelter Esel wird bei einem Zusammenprall mit einem Drahtgeflecht-Zaun keine Panikreaktion zeigen, im Gegenteil. Das Erlebnis wird den natürlichen Schutzreflex des Wüstentieres provozieren, der an anderer Stelle beschrieben ist: Es bleibt stehen. Eine erwachsene Eselstute habe ich einmal leider erst zwei Tage nach dem Verfangen in einem von alters her versteckt herumliegenden Stacheldrahtrest gefunden, bis sie befreit wurde. Sie hatte sich nicht mehr verletzt als beim Verfangen selbst und zeigte keinerlei Panikreaktion, sondern schien geduldig auf ihre Befreiung zu warten. Beim Fluchttier Pferd wäre es in einem solchen Fall gewiss zu einer katastrophalen Verschlimmerung der Verletzungen gekommen.

> **Info**
>
> ### Zaungeflecht schützt Eselfohlen
>
> *Das korrekt gespannte Geflecht ist sehr wirksam, vor allem zum Schutz vor Verletzungen bei rennenden, unerfahrenen Eselfohlen. Sie werden überraschend zurückgeschleudert und lernen dadurch schnell ihre unnatürlichen Grenzen kennen.*

Unterbringung

> **Info**
>
> **Schlange stehen am Kratzbaum**
>
> *Esel sind sehr soziale Tiere. Sie lieben es, in der Gruppe geduldig beim Kratzbaum zu warten, bis sie an der Reihe sind, und ziehen es dann vor, sich alle am selben Gegenstand zu scheuern. Der Platz um einen Kratzbaum ist entsprechend zertreten und meist frei von Bewuchs. Wer solche Einrichtungen auf seiner Parzelle hat, kann seine Tiere in ihrem Sozialverhalten gut beobachten und dadurch für eine Erziehung sehr leicht kennenlernen. Im Sommer erinnert das Bild oft an die Wasserlöcher in Afrika, wo Zebras geduldig warten.*

Kratzbäume zum Schutz der Zaunpfosten

Esel lieben es, sich zu scheuern. Dazu benutzen sie gerne die Pfosten von Zäunen, die dadurch rasch locker werden. Zur Verringerung dieser Beschädigung soll das Drahtgeflecht nach innen zur Weide zeigen. Das vermindert auch die Gefahr des Beknabberns der Holzpfosten, da diese so zu den Eseln hin geschützt sind. Einen hundertprozentig wirksamen Schutz gegen Beknabbern und Scheuern gibt es nicht. Es versteht sich, dass tief einbetonierte Pfosten dem ungeheuren Scheuerdruck eines Esels besser standhalten als nachlässig maschinell eingerammte. Zur Ablenkung von den Pfosten sollen auf jeder Parzelle spezielle Kratzbäume angeboten werden.

Dazu werden entweder bestehende alte Bäume geopfert oder ältere, aber noch nicht morsche, knorrige Baumstämme möglichst tief im Boden einbetoniert. Die Erfahrung hat gelehrt, dass sich Esel dann weniger an Zaunpfosten scheuern und sie weniger benagen.

> **Info**
>
> **Elektrozaun kennzeichnen**
>
> *Aus rechtlichen Gründen muss gegenüber fremden Menschen die Existenz des Elektrodrahtes durch Schilder kenntlich gemacht werden.*

Elektrodraht anbringen

Zurück zum Zaunbau: Wenn das Geflecht sorgfältig an den Pfosten befestigt ist, sollte in etwa zehn bis fünfzehn Zentimetern Abstand vom obersten Horizontaldraht zum Ende des Pfostens hin ein zusätzlicher Elektrodraht gespannt werden. Der wird verhindern, dass sich Esel auf das Drahtgeflecht lehnen und dadurch die gesamte Einrichtung lockern können.

Wenn der oberste Draht befestigt ist, sollen die Pfosten schräg abgeschnitten werden, um das Eindringen von Wasser und Feuchtigkeit ins Innere zu erschweren und den Ablauf von Regen zu erleichtern. Besonders haltbar werden Pfosten, wenn man die schräg abgeschnittenen Enden zusätzlich mit Blech oder einem wasserabweisenden Schutzmittel versieht, das allerdings garantiert unschädlich für die Gesundheit der Tiere sein muss!

Für den Elektrodraht gibt es zwei gute Lösungen: eine flache farbige Litze oder einen einfachen Metalldraht. Die Litze verliert ihre Farbe mit der Zeit durch Sonneneinstrahlung, sieht aber anfangs vielleicht hübscher aus und mag für Mensch und Tier besser erkennbar sein. Sie muss korrekt gezogen werden, darf also nicht in sich verdreht sein. Es gibt spezielle handelsübliche Spannvorrichtungen dafür, die in die Pfosten eingeschraubt werden. Es ist zu empfehlen, dazu alle Löcher mit drei bis vier Millimetern Durchmesser vorzubohren und die Gewinde der Spanner vor dem Einschrauben einzufetten. Das erleichtert spätere Korrekturen und Reparaturen enorm. Ein einfacher Draht aus Metall kann mit denselben oder vergleichbaren Spannern straff gezogen werden, er ist etwas schwerer horizontal zu spannen, sodass er keine Berührung mit dem Drahtgeflecht bekommt, auch wenn es stark stürmt oder heftig schneit. Er rostet, leitet dafür aber den Strom besser als die mit feinen Metalladern versehenen Kunststoffdrähte oder -litzen.

Wichtig!

Berührung mit Drahtgeflecht vermeiden

Eine Berührung der Litze mit dem Drahtgeflecht muss in jedem Fall vermieden werden, da sonst der Strom durch das Geflecht über die Krampen und Pfosten ins Erdreich geführt wird. Dadurch verliert er seine Wirksamkeit.

Info

Stacheldraht

Die Verwendung von Stacheldraht als Bestandteil von Zaunanlagen ist in der modernen Tierhaltung generell abzulehnen. Solche grässlichen Drähte führen zu schlimmsten Verletzungen.

Auch Eselstuten mit Fohlen sind am besten hinter einem Knotengitterzaun mit zusätzlicher Elektrolitze untergebracht.

Unterbringung 49

Info

Unbehandeltes Holz

Auch beim Einkauf von natürlichem Holz für Pfosten oder vorgefertigte Pfosten ist streng zu kontrollieren, ob es sich garantiert um unbehandeltes Holz handelt. Die in Baumärkten und Gartengeschäften angebotenen Hölzer sind ausnahmslos chemisch behandelt, da sie sonst nicht lagerfähig wären.

Gesundheitlich unbedenkliche Materialien

Die aus vielen Western-Filmen bekannt gewordenen nordamerikanischen Zaunanlagen für Pferdekoppeln sind für Esel nicht gut geeignet, da die Tiere dazu neigen, an den horizontalen Halbstangen, Brettern oder Rundstangen zu nagen. Ein chemischer Schutz davor ist mit Gesundheitsrisiken verbunden, auch wenn die Hersteller mancher Produkte das abstreiten. Der Beweis, dass eine Erkrankung durch ein solches Produkt entstanden ist, muss vom Anwender gegen den Hersteller geführt werden und ist meist unmöglich.

Auch die Verwendung von Imitaten eines solchen, meist weiß gefärbten, Film-Zauns ist nicht anzuraten, da bei der Fertigung entweder giftige Kunststoffe ganz oder als Ummantelung verwendet werden oder solche industriellen Massenprodukte automatisch mit chemischen Schutzmitteln behandelt wurden.

Stromversorgung

Wie die Stromversorgung des obersten Zaundrahtes geregelt wird, hängt erneut von mehreren Faktoren ab, nicht zuletzt von den damit verbundenen Kosten.

Reine Elektrozäune sind keine dauerhaft ausreichende Begrenzung für Eselweiden.

Solarzellen betriebene Batterien

Als die fortschrittlichste Lösung erscheint zunächst der Einsatz einer von Solarzellen versorgten Batterie. Das hat aber wesentliche Nachteile. So umweltfreundlich diese Einrichtung auf den ersten Blick erscheint, sie ist es nicht, da die blei- und säurehaltigen Batterien von Zeit zu Zeit als Sondermüll entsorgt werden müssen. Hinzu kommt, dass in Mitteleuropa die Sonnenscheindauer allenfalls in den Sommermonaten dazu ausreicht, eine größere Zaunanlage mit Strom zu versorgen. Etwa ein halbes Jahr lang muss man also ohnehin zu einer anderen Lösung greifen, wenn die Zaunanlage nicht klein ist.

Aufladbare Autobatterien

Wirksamer als solargespeicherte Batterien sind Stromgeräte, die von aufladbaren Autobatterien betrieben werden. Sie haben dieselben ökologischen Nachteile wie die mit Solarzellen betriebenen Batterien. Hinzu kommt, dass man ein zusätzliches Ladegerät braucht und für die Zeit der Ladung einer entleerten Batterie eine Zweitbatterie.

Beide Lösungen haben den unschätzbaren Vorteil, gut transportabel zu sein. Man kann sie auch für Weideland einsetzen, das weitab der herkömmlichen Stromversorgung liegt. Die Geräte müssen allerdings gut getarnt werden, da sie beliebte „Souvenirs" von Spaziergängern sind.

Diebstahlschutz

Nicht leicht gestohlen werden können dagegen Geräte, die direkt ans öffentliche Netz angeschlossen werden. Sie lassen sich in verschlossenen Räumen (Garage, Keller, Stall, Werkstatt) sicher installieren und haben zudem den Vorteil, dass man sie auch bei schlechtem Wetter im Trockenen auf ihre Funktionstüchtigkeit hin prüfen kann. Die modernsten Geräte sind mit Indikatoren und Rückmeldern ausgestattet, die es erlauben, einen Defekt am Stromzaun ungefähr zu lokalisieren und sogar seine Ursache in etwa zu bestimmen. Nachteil solcher Geräte sind die hohen Anschaffungskosten und die Unmöglichkeit, sie weitab der öffentlichen Stromversorgung einzusetzen, wenn nicht lange Zuleitungen gelegt werden können. Durch den Einsatz von Generatoren kann dieser Nachteil um den Preis von Lärm ausgeglichen werden, wobei auch hier die Anschaffungs- und Spritkosten anfallen.

Info

Elektrozaungeräte

Die Angaben der Hersteller von Stromgeräten sind mit Vorsicht zu deuten. In der Regel wird maximale Leistung angegeben, die nur dann erreicht werden kann, wenn ideale Bedingungen vorherrschen, die es draußen auf der Weide niemals gibt. In der Realität berühren oft Gräser, Strauchenden oder Äste den Stromdraht, regennasse Papier- und Plastikfetzen haben sich in ihm verfangen, die Erdung ist nicht ideal. Das alles führt zu erheblichen Leistungsverlusten. Ist eine Reichweite für eine Zaunanlage angegeben, sollte man davon ausgehen, dass höchstens ein Drittel erreicht wird.

Esel brauchen viel Platz, um sich artgerecht bewegen zu können.

> **Info**
>
> **Eselhengste sind unberechenbar**
>
> Es gibt zwar verharmlosende Berichte über Eselhengste, die jahrelang friedlich miteinander gelebt haben, aber im Gegenzug auch die Berichte, denen zufolge selbst nach sehr vielen Jahren vermeintlichen Friedens zwischen zwei Hengsten für den Halter vollkommen unerwartet, unvorhersehbar und ohne erkennbaren äußeren Anlass der eine Eselhengst den anderen getötet hat. So gibt es auch Erfahrungsberichte von domestizierten Eselhengsten, die nach jahrelangem friedlichem Gruppenleben einen Junghengst in Sekundenbruchteilen in die Luft geschleudert haben und ihn dadurch töteten.

Genügend Platz für alle

Esel sollten möglichst naturnah gehalten werden und darum die Möglichkeit haben, ihrem Sozialverhalten entsprechend zu leben. Für Hengste bedeutet das, wie schon beschrieben, über ein eigenes Territorium verfügen zu können (in der Natur etwa fünf Quadratkilometer groß), für Stuten und deren Fohlen bedeutet das, nomadisieren zu können. Wer nicht kastrierte männliche und weibliche Tiere halten möchte, muss das berücksichtigen.

Aufteilung des Territoriums in mehrere Parzellen

Das skizzierte Sozialverhalten können Esel nur dann nachahmen, wenn man ihnen mehrere Parzellen zur Verfügung stellt. Ein Hengst lebt dann immer auf derselben Parzelle in seinem Territorium, während die Stuten mit ihren Fohlen die übrigen Parzellen wechseln können und sollen.

Die Haltung von zwei Eselhengsten auf ein und derselben Parzelle ist unnatürlich und darum strikt abzulehnen. In Gefangenschaft können die männlichen Tiere keine ausreichenden Reviere bilden und haben darum nicht die Möglichkeit, sich gegenseitig so auszuweichen, dass der Individualbereich des Konkurrenten respektiert werden kann. Das führt zu ansonsten vermeidbaren Aggressionen. Die Hengste werden sich so verhalten, dass schwerste Verletzungen die Folge sind und sogar deren Tod nicht ausgeschlossen werden kann. Das gilt in verstärktem Maß, wenn zusätzlich Eselstuten auch nur in der Nähe gehalten werden, selbst, wenn sich diese nicht auf derselben Parzelle befinden.

Mehrere Eselhengste halten

Will man mehrere Eselhengste halten, müssen diese sich wenigstens außer Sichtweite voneinander wegbewegen können und mit einer Doppelzaunanlage wie oben beschrieben daran gehindert werden, sich berühren zu können. Der Zwischenraum der Zaunanlagen muss mehr als einen Meter betragen. Doch selbst eine solche Haltung ist nicht natürlich, da Eselhengste ihr Territorium auch akustisch markieren.

In unbebautem Gebiet ist der Ruf eines Eselhengstes etwa fünf Kilometer weit zu hören – in etwa der Größe des Territoriums entsprechend. Hört ein Eselhengst einen anderen, ist er davor gewarnt, ein fremdes Territorium zu betreten, noch bevor er den Nebenbuhler gerochen oder gar gesehen hat. Er wird also den Kampf suchen oder sich entfernen. Für domestizierte Eselhengste ist das in Gefangenschaft nicht möglich. Eselhengste, die ihre Nebenbuhler nicht nur hören und riechen, sondern sogar sehen oder berühren können, leben darum in einem ständigen unverantwortbaren Stress.

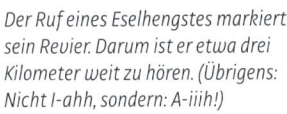

Der Ruf eines Eselhengstes markiert sein Revier. Darum ist er etwa drei Kilometer weit zu hören. (Übrigens: Nicht I-ahh, sondern: A-iiih!)

Der natürliche Schutzinstinkt der Eselstuten

Zwar werden auch in der Natur Zebra- und Eselstuten das ganze Jahr über rossig, also empfängnisbereit, weichen aber als nomadisierende Gruppenverbände den decklustigen Hengsten oftmals sogar mit aggressivem Abwehrverhalten selbst während der Rosse aus. Das gilt vor allem für die Zeit, in der sie ein Fohlen säugen. Dann scheint der Schutzinstinkt des Muttertieres für sein Fohlen dem eigenen Sexualtrieb vorangestellt zu sein. In natürlicher Umgebung sucht sich der solitär lebende Hengst die Stuten zum Decken aus. Dadurch werden fast nur Stuten trächtig, die kein Fohlen an ihrer Seite haben. Auf diese Weise scheint in der Natur der zweijährige Tragerhythmus zu entstehen. Die Haltung der Esel sollte den natürlichen Gegebenheiten möglichst weit angepasst sein. Diese Forderung ist im dicht besiedelten Deutschland mit seinen kleinen privaten Freiflächen nur schwer zu erfüllen.

> **Info**
>
> **Tragerhythmus von Equiden**
>
> Der natürliche Tragerhythmus scheint bei Equiden in der Natur zwei Jahre im statistischen Mittelwert zu betragen. Hierzu gibt es noch keine ausreichenden wissenschaftlichen Langzeituntersuchungen und Belege. Für die Haltung domestizierter Esel sollte von dieser Zeit ausgegangen werden.

Unterbringung

Wechselweiden

Für Eselstuten mit Fohlen müssen darum vom Hengst separierte Wechselweiden zur Verfügung gestellt werden. Dadurch wird verhindert, dass sie neben ihren Fohlen rossig und mangels der Möglichkeit auszuweichen, von einem Hengst vergewaltigt werden. Die Trennung sollte ein ganzes Jahr lang andauern. In Gefangenschaft lassen sich vom sexuell aggressiven Hengst bedrohte Stuten noch bis kurz vor der Niederkunft decken. Das hat mehrfach zu Totgeburten geführt.

Spielzeuge

Nur der Vollständigkeit wegen soll darauf hingewiesen werden, dass Esel keine Spielzeuge zum Zeitvertreib benötigen, wie sie leider von einer geschäftstüchtigen Zubehörindustrie für die Pferdeszene unsinnigerweise angeboten werden. Geht man durch Ausstellungshallen der gängigen internationalen Pferdemessen, kann man den Eindruck gewinnen, dass für die Pflege dieser Equiden jährlich viele tausend Euro auszugeben ist. Eine große Zahl der Besucher solcher Messen und Besteller aus Versandhauskatalogen lässt sich nur zu leicht durch geschickte Werbemechanismen beeinflussen, die oft ein schlechtes Gewissen verbreiten, um Produkte zu verkaufen. Die meisten Artikel sind vollkommen überflüssig, viele sogar schädlich für das Tier.

Kein Eselbesitzer sollte sich durch Kataloge für Pferdeliebhaber dazu verleiten lassen, Gegenstände, Mittel, Gerätschaften und Zubehör zu kaufen, die nicht notwendig sind. Plastikbälle und ähnlicher Unsinn sollen Menschen vorbehalten bleiben. Das schönste Spielzeug für einen Esel ist das für uns moderne Menschen gleichzeitig wertvollste Geschenk an ein Tier: Zeit.

Gegenseitiges Beknabbern ist Ausdruck von Wohlbefinden.

Pflege

Platz zum Wälzen

Die Haltung von Eseln bedingt, ihnen einen Wälzplatz anbieten zu können. Normalerweise werden sich die Tiere wie in der Natur selbst einen Platz auf der Weide aussuchen, den sie dafür einrichten. Das Wälzen dient der Körperpflege und bietet einen willkommenen Anlass zur Prüfung und zum Ausbau sozialer Kontakte in einer Gruppe. Werden Esel zum Beispiel während der nassen Wintermonate zum Schutz in Laufställen gehalten, ist das Einstreuen von Sägemehl ein gern angenommener Ersatz für den fehlenden Wälzplatz. In den Wintermonaten sollten den Eseln darum hin und wieder großzügige Einstreuungen von Sägemehl angeboten werden. Sie werden diese ganz sicher sofort zum Wälzen nutzen.

Weniger ist oft mehr

„Der Esel ist genügsam, er braucht nicht viel!" Dieser Satz ist richtig. Er darf aber nicht dazu führen, dass das Tier vernachlässigt wird. Zur Pflege gehören einige körperliche Vorsorgemaßnahmen sowie die Kontaktpflege durch den Menschen. Das ist sinnvoller als andauerndes Striegeln und Bürsten, was meist mehr Schaden anrichtet als nutzt.

> **Tipp**
>
> ### Esel beobachten
>
> *Dürfen Esel in völliger Freiheit in der ihnen angemessenen Natur leben, brauchen sie keine Pflege durch Menschen, das erledigen sie besser selbst und untereinander. Wer seinen Esel artgerecht pflegen will, muss sich die Zeit nehmen, solche Tiere oder die ihnen verwandten Zebras in freier Wildbahn oder in einer größeren Gruppe bei einem Züchter zu beobachten.*

Zwei Eselstuten, die rechte legt die Ohren an und beginnt zu „kauen", sie zeigt damit ihre Rosse an.

Natürliches Verhalten

In Verhaltensforschungsprogrammen vor allem Schweizer Wissenschaftler sind Hausesel sieben Jahre lang sich selbst überlassen in einem Semi-Reservat beobachtet worden. Dadurch weiß man viel über die Pflege dieser Tiere, über ihren Eigenschutz vor Erkrankungen, über ihren sozialen Umgang miteinander. In anderen Forschungsprogrammen sind große Übereinstimmungen im Vergleich mit anderen Wildequiden, vor allem den Zebras, herausgefunden worden, kaum jedoch zu Pferden. Die Forschungen dauern noch an. Von diesen Langzeituntersuchungen können wir heute profitieren, auch wenn wir die Frage danach beantworten wollen, welche Pflege ein Hausesel haben soll und welche oft gut gemeinten Pflegeleistungen der Mensch besser unterlässt.

Soziale Kontakte

Die Pflege des sozialen Kontaktes spielt bei Eseln eine mindestens ebenso wichtige Rolle wie die Körperpflege, bei der auf Haut und Fell, Hufe, Zähne, Körperöffnungen und den Allgemeinzustand zu achten ist. Als medizinische Vorsorge gehören Impfen und Entwurmen zu den Selbstverständlichkeiten für Esel, die in Gefangenschaft gehalten werden.

Unterschiedliche Sozialpartner

Man sagt, Esel können Hunde, Katzen, Schweine, Kaninchen und sogar Vögel als Sozialpartner anerkennen und in ihrer Gesellschaft zum Beispiel für mehrere Monate im Winterstall durchaus ein

Info

Soziabilität der Esel
Verhaltensforscher nennen ein Lebewesen dann soziabel, wenn es die Fähigkeit hat, Vertrauen zu anderen Lebewesen aufzubauen, Kontakte auch zu artfremden Lebewesen zu akzeptieren und zu festigen und ihnen eine gewisse Toleranz entgegenzubringen. Tierverhaltensforscher haben in Versuchen festgestellt, dass der Esel gerne soziale Kontakte mit anderen auch artfremden Lebewesen sucht. Er liebt die Abwechslung sogar. Diese besondere Eigenart macht den Esel nach Ansicht einiger Forscher zum soziabelsten Säugetier der Erde.

zumindest für einen begrenzten Zeitraum zufriedenstellendes Sozialleben führen. Darum dürfen Esel niemals allein gehalten werden. Säugetiere sind allerdings die geeigneteren Partner, der Eselhalter ein sehr guter, der beste ist jedoch ein anderer Esel – von der Sonderrolle der Hengste abgesehen, die schon beschrieben ist. Die Pflege eines Esels bedeutet also in erster Linie, mit ihm Zeit zu verbringen, ihn zu beobachten, bei ihm zu sein, körperliche Nähe zu vermitteln.

Körperpflege

Die körperliche Pflege steht nicht an zweiter Stelle, sie ist eine Selbstverständlichkeit für den verantwortungsbewussten Eselfreund.

Hufpflege

In Europa gehaltene Esel müssen sich leider meist mit weichem und feuchtem Boden zufriedengeben. Die Tiere haben keine weiten Strecken zurückzulegen, um ihren Grundnahrungsbedarf zu befriedigen. Darum muss der Mensch regulierend eingreifen, denn die Hufe von Eseln nutzen sich in unseren Breiten nicht natürlich ab. Eselhufe müssen mindestens vier Mal im Jahr von einem Fachmann geschnitten werden.

Info

Menschlicher Kontakt

Es gibt trächtige Eselstuten, die sich offenbar wohlfühlen, wenn ein ihnen nahestehender Mensch in den Tagen vor der Geburt durch verlängerte Anwesenheit beruhigend auf sie einwirkt. Es gibt kranke Esel, die offensichtlich rascher gesund werden, wenn sie in dieser Zeit häufiger Besuch von ihrem Halter bekommen. Es gibt Esel, die nach Ansicht eines Tierarztes dem Tode geweiht waren und allein dadurch wieder Lebensmut geschöpft haben und gesund geworden sind, dass der sie betreuende Mensch sich intensiver um sie bemüht hat.

Wichtig!

Hufe benötigen besondere Aufmerksamkeit

Die Hufe, die Hufe, die Hufe! Sie und nicht ein gebürstetes Fell müssen die meiste Aufmerksamkeit bekommen. Eselhufe sind von der Natur für trockene harte Böden bestimmt. Sie wachsen sehr viel rascher als Pferdehufe, damit sie in der Wüste nicht so schnell bis an die Grenze abnutzen. Kontrollieren Sie daher die Hufe regelmäßig.

Esel gelten als die soziabelsten Säugetiere der Erde.

Pflege

> **Info**
>
> **Defekte sind vererbbar**
>
> Esel mit deformierten Hufen dürfen nicht zur Vermehrung oder Zucht eingesetzt werden, da man heute nicht sicher ist, wieweit sich solche Defekte vererben können.

So oft wie möglich sind die Hufe hochzunehmen und daraufhin zu kontrollieren, ob sich in ihnen Fremdkörper eingetreten haben, die zu beseitigen sind. Dazu dient ein sogenannter Hufräumer ebenso gut wie ein umgebogener Schraubendreher oder ein ähnliches Gerät.

Ohne Huf kein Esel. Bevor ein Esel klamm geht, also wie auf Eiern, oder sonstige Veränderungen im Gang zeigt, muss man sich darum kümmern, ob seine Hufe in Ordnung sind. Die kleinsten Anzeichen von Veränderungen oder gar Verletzungen an nur einem einzigen Huf müssen ohne Ausnahme dazu führen, dass ein Esel nicht mehr genutzt wird.

Der Fachmann muss ran

Jedes Eselfohlen aus einer guten Zucht ohne genetisch bedingte Deformationen wird mit gesunden, geraden, vorbildlichen Hufen geboren. Es gibt für einen Eselhalter keine Ausrede dafür, dass das nicht so bleibt. Für vernachlässigte, kranke, deformierte und beschädigte Eselhufe trägt immer allein der Halter die Verantwortung, niemals das Tier.

Hufpfleger ist zu Recht ein Lehrberuf. Private Schnitzer und Nagler haben an Equidenhufen nichts verloren, von der Kontrolle, Pflege und Notversorgung abgesehen. Jeder Eselhuf muss von einem ausgebildeten Fachmann regelmäßig gepflegt werden. Zu oft sind Eselhalter erst bereit, Geld für Hufpflege auszugeben, wenn sich eine Deformation zeigt oder ein medizinischer Notfall besteht. Solche Sparsamkeit wird sich immer rächen.

Die Hufe eines Esels sollten täglich kontrolliert und ggf. ausgekratzt werden.

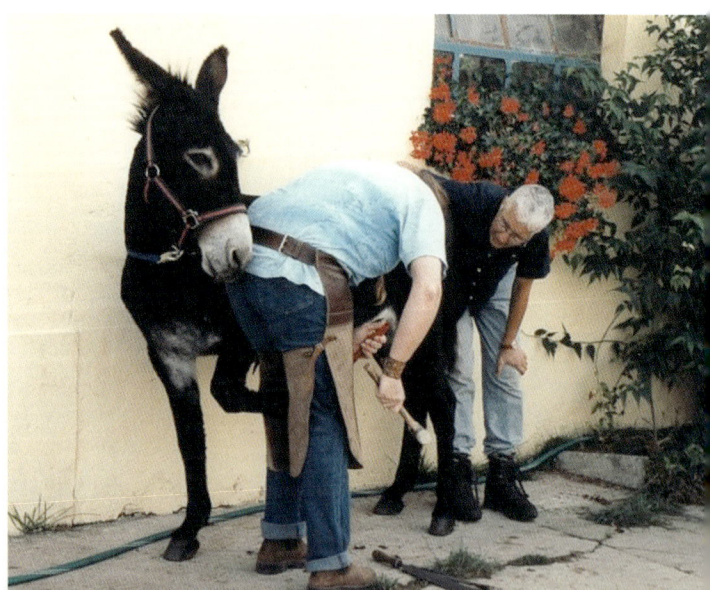

In regelmäßigen Abständen müssen die Hufe eines Esel von einem professionellen Hufpfleger ausgeschnitten werden.

Beschlagen von Eselhufen

Das Beschlagen von Eselhufen ist nicht nötig. Diese bei Pferden weitverbreitete Unsitte nimmt mehr und mehr ab. Der Huf eines Equidentieres ist von der Natur für eine normale Abnutzung eingerichtet. Bei Eseln reicht die normale Abnutzung wie beschrieben in unseren Breiten nicht aus. Setzt der Halter eines Esels sein Tier zum Reiten, Gepäcktragen oder Kutscheziehen oft auf künstlichen Bodenbelägen, zum Beispiel Asphaltstraßen ein, ist der Abrieb mit dem in der Natur vergleichbar und die Hufe müssen weniger oft gekürzt werden. Ist die Nutzung so stark, dass der natürliche Schutz, das Horn, nicht mehr ausreicht und die Gefahr besteht, dass der Huf sich „bis aufs Blut" abnutzt, dann muss man dem Tier nicht etwa eiserne Beschläge einnageln. So starke Nutzung zeigt dem Menschen Grenzen auf, die Nutzung muss reduziert werden.

Der Eselhuf

Die meisten Fremdkörper treten sich in die „weiße Linie" (Lamina) ein, die spröde und weich ist. Auch der Hufstrahl ist empfindlich. Bei vielen Eseln, deren Hufe nicht gut gepflegt wurden, verfault der Hufstrahl wegen hoher Feuchtigkeit. In solchen Fällen kann zum Schutz ein teerähnliches Präparat aufgetragen werden. Besser ist es, den Esel über einen langen Zeitraum hinweg trocken zu stellen. Auch andere Präparate wie zum Beispiel Huf-Fett sind in der Regel unnötig. Pflege und Vorsorge sind das A und O für einen gesunden Eselhuf. Das Vermeiden von Überernährung ist die Basis. Huferkrankungen heilt der Tierarzt oder der Hufpfleger.

> ## Tipp
>
> ### Versteckte Defekte der Hufe
> *Oft werden Esel mit versteckten Hufdeformationen zu günstigen Preisen angeboten. Die Mängel tauchen erst Monate nach dem Kauf auf und sind manchmal erst nach jahrelangen Behandlungen zufriedenstellend zu beheben. Das kostet Zeit und Geld. Daran sollte man schon beim Kauf denken. Am besten man sieht sich die Elterntiere des angebotenen Esels an. Beschlagene Esel sollten nicht gekauft werden. Unter Eisen lassen sich viele Schäden geschickt verstecken.*

> ## *Info*
>
> ### *Einschlagen von Nägeln*
> *Das Einschlagen von Nägeln in Hufe zur Befestigung von Eisen ist grundsätzlich abzulehnen. Selbst in sogenannten orthopädischen Notfällen ist das nicht nötig, wie die deutsche Tierärztin Dr. Hiltrud Strasser nachgewiesen hat.*

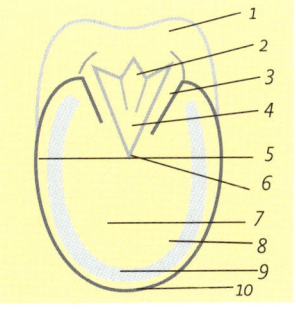

1. Hornballen
2. Mittlere Strahlfurche
3. Seitliche Strahlfurche
4. Hornstrahl
5. Weiteste Stelle
6. Strahlspitze
7. Hornsohle
8. Sohlenkörper
9. Weiße Linie
10. Hornwand

Medizinische Vorsorge

Ein weiterer Teilbereich der Pflege eines Esels besteht in der medizinischen Vorsorge gegen Krankheiten durch Impfungen und Entwurmungen.

Impfungen

Das vorbeugende Impfen muss von einem Tierarzt erledigt werden. Je nach Region, in der ein Esel lebt, sind verschiedene Impfungen obligatorisch oder angeraten. Alle Impfungen müssen im Equidenpass vom Tierarzt dokumentiert und in bestimmten Zeitabständen wiederholt werden.

Wurmkuren

Das Entwurmen ist eine leidige Angelegenheit, die außerdem teuer ist. Alle Esel haben Würmer. Es ist nicht zu erreichen, dass ein Huftier völlig frei von Würmern wird. Damit diese Plage interner Schmarotzer nicht zu Gesundheitsschäden führt, müssen Esel je nach Region und Möglichkeit, die Weiden zu wechseln, mit chemischen Präparaten mehrfach im Jahr entwurmt werden. Das kann der Halter selbst tun.

Wechselweidebetrieb

Bei allen Methoden der Behandlung gegen Würmer gilt es, diesen oder ähnliche Kreisläufe zu durchbrechen. In der Natur ist das unnötig, da die Tiere nomadisieren, sich also bei ihren Wanderungen vom eigenen Mist entfernen und normalerweise erst dann wieder an die alten Plätze zurückkehren, wenn dort die ausgeschiedenen Wurmeier bereits abgestorben oder von anderen Tieren aufgenommen worden sind, denen sie möglicherweise keinen Schaden zufügen.

Das natürliche Schutz-System gegen einen zu starken Wurmbefall kann man durch Wechselweidebetrieb nachahmen: Die Esel verbringen etwa eine Woche auf einer Parzelle, wechseln dann zu einer zweiten, um nach einer Woche zu einer dritten und am besten nach einer weiteren Woche zu einer vierten zu wechseln. Dadurch ist eine gewisse Gewähr dafür gegeben, dass viele Würmer sich nicht zu stark in den Innereien der Esel ausbreiten und „mitessen" können. Eine sichere Gewähr für den Schutz vor Wurmkrankheiten ist dadurch nicht gegeben.

Info

Impfungen von Fohlen

Umstritten ist es, neugeborene Fohlen zu impfen. Die Mehrheit der naturverbundenen Tiermediziner geht davon aus, dass ein Fohlen mit der ersten Kolostralmilch der Mutter auf natürliche Weise „geimpft" wird, also einen Schutz vor den Krankheiten mitbekommt. Das hat allerdings zur Voraussetzung, dass eine trächtige Stute vor der Geburt nicht den Platz wechseln darf und ausreichend und korrekt geimpft ist.

Info

Lebenskreislauf der Würmer

Endoparasiten leben im Wirtstier (Esel) oft im Verdauungstrakt. Es entsteht ein Wurmkreislauf, der so aussehen kann: Der Esel nimmt mit dem Gras Wurmeier auf, die sich im Darm zu Larven entwickeln, dort festsetzen, zu Würmern heranwachsen, sich ernähren und Eier bilden, die mit dem Mist ausgeschieden werden, wo sie vom selben oder anderen Eseln wieder aufgenommen werden können. Je nach Wurmart gibt es noch Zwischenwirte, die in den Kreislauf einbezogen sind.

Entwurmungspräparate

Eine andere, die natürliche Methode ergänzende, ist das Verabreichen chemischer Entwurmungspräparate. Das erfolgt mittels handelsüblicher spritzenähnlicher Dosiergeräte, in denen sich eine meist weiße Paste befindet, die man dem Esel in einer dem Gewicht des Tieres angepassten Menge über den Schlund einflößt. Manche Esel hassen diese Prozedur, andere lieben es geradezu, Wurmmittel zu bekommen. Notwendig ist es für alle.

Die besten Medikamente sind die teuersten. Man sollte die Ausgabe keinesfalls scheuen. Ein übermäßiger Wurmbefall kann zu sehr ernsthaften Erkrankungen und nicht selten nach einer gewissen Zeit zum Tod des Esels führen. Hinzu kommt, dass man während der Befallszeit mit teuer erworbenem Heu nicht nur seinen Esel, sondern auch die Würmer füttert. Der Esel nimmt ab, wird schwächer, die Würmer werden fett und immer zahlreicher. Das ist nicht der Sinn der Fütterung eines Haustieres.

Breitband-Wurmmittel

Die verschiedenen Präparate, die zur Entwurmung auf dem Markt erhältlich sind, haben unterschiedliche Wirksamkeiten, nicht immer jedoch gegen alle vorhandenen Endoparasiten. Damit keine Resistenz der Schmarotzer entsteht, wird empfohlen, die Präparate zu wechseln. Im Frühjahr, wenn die Esel in feuchtes frisches Gras bei moderaten Temperaturen kommen, sollte ein Breitband-Wurmmittel Verwendung finden, denn dieses Klima ist für die Parasiten ein besonders gutes Entwicklungsumfeld.

Lungenwürmer

Besonders gefürchtet sind Lungenwürmer, durch die die Atemwege zerstört werden können. Der besonders rasche Tod tritt durch Würmer ein, die zu einer Zerstörung der Leber beitragen.

Gesunde Esel sind aufmerksam. Auch glänzendes Fell, klare Augen und Nüstern ohne Ausfluss zeichnen ein gesundes Tier aus.

> ### Tipp
> **Nicht am falschen Ende sparen**
> *Wer an Wurmmitteln spart, schädigt seinen Esel und verursacht sich selbst zudem unnötige Folgekosten, die den Kaufpreis der Wurmmittel garantiert weit übersteigen werden.*

> ### Wichtig!
> **Abwehrkräfte stärken**
> *Einen normalen Wurmbefall verkraftet ein gesunder, gut ernährter Esel ohne Schäden. Die Widerstandskraft gegen solche und andere Erkrankungen hängt auch davon ab, ob der Esel ausreichend Vitamine und Mineralstoffe aufnehmen kann.*

Vitamine, Mineralstoffe ...

Auf eine ausreichende Vitamin- und Mineralstoffversorgung zu achten gehört ebenfalls zur Pflege eines Esels. In der natürlichen Umwelt findet das Tier alle notwendigen Stoffe für ein gesundes Leben selbst. In Gefangenschaft muss der Mensch dafür sorgen, dass es weder ein Überangebot noch einen Mangel an dem einen oder anderen notwendigen Lebensmittel gibt. Da die in Mitteleuropa zur Verfügung stehenden Weiden meist zu nährstoffreich sind, ihnen aber Mineralstoffe fehlen, muss entsprechend zugefüttert werden. Vor allem Calciumgaben haben sich bei heranwachsenden Eseln als sehr sinnvoll erwiesen. Präparate sind bei Tierärzten oder in Apotheken, aber auch im landwirtschaftlichen Handel erhältlich.

Darreichungsformen

Mineralstoffe gibt es nicht nur in Form fester Steine von fünf bis zwölf Kilogramm Gewicht, sondern auch in Pulverform, dann oft mit zusätzlichen Vitaminen versetzt. Pulver nehmen Esel nicht gern auf. Man kann sie gut überlisten, wenn man das Pulver beispielsweise in einem ausgehöhlten Apfel oder einer präparierten Karotte versteckt. Viele Esel sind allerdings so intelligent, dass dieser Trick nur einige Tage funktioniert. Sie finden heraus, den begehrten Apfel oder die geliebte Karotte von dem offenbar weniger schmackhaften Vitaminpulver zu befreien, indem sie kräftig mit dem Kopf schütteln und dabei das Obst im Maul festhalten. Man muss immer wieder die Methoden des Überlistens wechseln und die Darreichungsformen verändern. So gibt es auch gute flüssige Präparate, die mittels einer Spritze ohne Nadel über das Maul verabreicht werden können.

Krankheiten frühzeitig erkennen

Zur weiteren Pflege eines Esels sind so oft wie möglich Kontrollen bestimmter Körperteile durchzuführen, um bereits erste Anzeichen einer Krankheit feststellen zu können. Je früher eine Erkrankung erkannt wird, desto leichter ist es für einen Tierarzt, sie zu heilen!

Körperöffnungen kontrollieren

Ein Esel hat auch „peinliche" Körperöffnungen. Die sollte jeder Tierfreund regelmäßig kontrollieren. Im Analbereich ist zum Beispiel leicht festzustellen, ob die Verdauung gut funktioniert.

Wichtig!

Salzlecksteine

Esel benötigen sogenannte Lecksteine einer besonderen Zusammensetzung. Einfaches Viehsalz reicht nicht aus. Achten Sie darauf, dass ein Leckstein mineralische Zusatzstoffe enthält. Das Verhältnis von Calcium zu Phosphor ist sehr wichtig. Es wird empfohlen, nur Produkte anzubieten, die fünfzehn Prozent Calcium und fünf Prozent Phosphor enthalten.

Tipp

Calciumgaben

Für heranwachsende Esel ist eine regelrechte Calciumkur von vierzehn Tagen zu empfehlen, die man jährlich wiederholt. Das Ergebnis werden gesunde Hufe und starke Knochen sein.

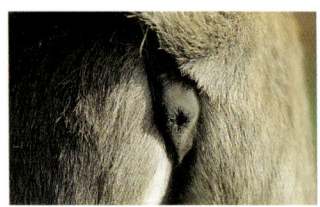

Bei Eseln gibt es keine „peinlichen" Stellen! Der After sollte nicht verschmiert sein.

Auswahl, Haltung und Pflege

Kontrolle von Augen, Ohren und Maul

Augen
> Sie müssen klar und gut nach außen gerundet sein.
> Eingefallene oder trübe Augen deuten auf einen Mangel oder eine akute Erkrankung hin, zum Beispiel innere Austrocknung bei Durchfällen.
> Ausfluss aus den Augen, aus den Nüstern oder gar aus dem Rachen sind ernsthafte Zeichen von Erkrankung, wenn dieser einen unangenehmen oder gar penetranten Geruch verbreitet.
> Klarer und geruchlich relativ neutraler Ausfluss kann eine kurzzeitige und rasch vorübergehende Beeinträchtigung der Gesundheit bedeuten, ist aber als erstes Anzeichen sorgfältig zu beobachten.
> Tropft eine gelbliche Flüssigkeit aus den Augen, ist sofort der Tierarzt zu rufen!

Ohren
> Sie müssen sauber und frei von Parasiten sein, dürfen aber natürliches Fett enthalten, das einen Schutz darstellt.

Maul
> Die Lippen und Innenschleimhäute müssen rosig gefärbt sein, blasse Haut deutet hier auf Kreislaufprobleme hin.

Zähne
> Sie müssen normal abgenutzt sein. Das zu erkennen ist eine Wissenschaft für sich und sollte Ärzten vorbehalten bleiben, die bei jedem Besuch den Esel auch daraufhin kontrollieren müssen.

Verdauungsprobleme

Jeder Esel mistet wie alle Equiden etwa alle zwei Stunden. Ist ihm das nicht möglich, leidet er vermutlich an Verstopfung. Das kann rasch zu Koliken führen, die den Tod zur Folge haben können. Im umgekehrten Fall ist es ebenso: Durchfälle können dieselben Folgen haben. Meist allerdings sind Durchfälle bei Eseln auf eine psychisch belastende Situation zurückzuführen wie etwa Transport, Schreck durch militärische Tiefflieger, Kreischen von Kindern oder vergleichbare Störungen. Dann kann es plötzlich einen sehr flüssigen Durchfall geben, der nach kurzer Zeit verschwunden ist. Durchfälle sind in jedem Fall genau zu beobachten. Dauern sie an, kann eine lebensgefährliche Vergiftung vorliegen. Durchfälle bei Fohlen sind immer bedenklich, es ist in jedem Fall der Tierarzt zu holen!

Tipp

„Äpfel" geben Aufschluss über die Verdauung

Der Mist von Eseln muss in der Regel relativ trocken und fest in mehreren Teilstücken aus dem After quellen und gut geformt in „Äpfel" beim Auftreffen auf dem Boden auseinanderfallen.

Vaginaler Ausfluss

Die Vaginalöffnung von Stuten darf keinen Ausfluss zeigen. Während bestimmter Phasen des Empfängnis-Zyklus kann es Ausnahmen geben. Länger andauernder, gar übel riechender Ausfluss ist immer ein Grund, den Tierarzt zu holen, ganz egal ob die Stute trächtig ist oder nicht.

Sexuell inaktive Hengste

Hengste, die zur Zucht eingesetzt werden, reinigen ihren Intimbereich unter der Vorhaut des Penis durch sexuelle Aktivität selbstständig. Kastrierte männliche Tiere (Wallache) reagieren verschieden. Einige Esel „fahren aus", auch wenn sie nicht mehr zur Erzeugung von Nachkommen fähig sind, bei anderen verkümmert dieser natürliche Trieb fast ganz. Ist das der Fall, muss der Mensch eingreifen und hygienische Vorsorge treffen. Unter der Vorhaut bildet sich ein meist übel riechendes Sekret, das Smegma. Das muss von Zeit zu Zeit mit einem weichen Schwämmchen und lauwarmem Wasser entfernt werden, um Entzündungen zu verhindern.

Tipp

Abweichungen vom Normalzustand

Der Normalzustand des Esels muss seinem Besitzer bekannt sein. Ihn kann er nur durch sehr langes Beobachten feststellen. Da Esel große Individualisten sind, gibt es keine allgemein gültige Regel. Es gibt Tiere, die sehr lebendig sind, andere ziehen sich gerne von der Gruppe zurück und sind sehr ruhig. Nur wer sein eigenes Tier gut kennt, hat eine Möglichkeit, Veränderungen festzustellen und entsprechend zu handeln, im gegebenen Fall den Tierarzt zu rufen.

Körpertemperatur, Puls- und Atemfrequenz

Zum Normalzustand gehört es auch, die normale Körpertemperatur, die Puls- und Atemfrequenz seines Esels zu kennen. Jeder Halter sollte sein Tier mehrfach in gesundem Zustand ohne Belastung ausreichend untersuchen und sich die gemessenen Werte notieren, damit er im Zweifelsfall sofort entsprechende anatomische Hinweise auf das Vorliegen einer Erkrankung erkennen und dem Tierarzt bereits telefonisch wertvolle Hinweise geben kann.

Info

Körpertemperatur

Esel	37,1 °C
Eselfohlen	37,6 °C
Pferd	37,0 °C bis 38,0 °C
Pferdefohlen	38,3 °C

Pulsfrequenz
(Schläge pro Minute unter Standardbedingungen wie bei Körpertemperatur in statistischem Mittelwert)
Esel   44
Eselfohlen   60
Pferd   28 bis 40

Atemfrequenz
(Ein- und Ausatmung pro Minute unter Standardbedingungen wie bei Körpertemperatur in statistischem Mittelwert)
Esel   20
Eselfohlen   28
Pferd   8 bis 16

> **Wichtig!**
>
> *Körpertemperatur*
>
> *Unter Standardbedingungen (in Ruhe, nicht nach körperlichen Anstrengungen, kann bei Stuten wegen veränderter hormoneller Zustände je nach Zeitpunkt des Rosse-Zyklus etc. abweichen, angegeben sind mittlere statistische Werte)*

Fell- und Hautpflege

Auch das Fell und die Haut bedürfen ständiger Beobachtung. Außenparasiten, Pilze und andere Hauterkrankungen können nur dann bemerkt werden, wenn man dem gesamten Körper seines Tieres regelmäßig Aufmerksamkeit schenkt. Zur Behandlung und zur Vorbeugung gibt es viele chemische Mittel. Vor zu eifrigem Umgang damit sei jedoch gewarnt. Gesunde kräftige Esel, die sich draußen in Staub und Matsch oder drinnen in Sägemehl wälzen dürfen, verkraften die meisten Hautirritationen problemlos. Fragen Sie im Zweifel einen Tierarzt, möglicherweise ist eine gezielte Behandlung erst nach der Untersuchung von Hautpartikeln im Labor möglich.

Die Haut eines Esels muss regelmäßig kontrolliert werden.

Schutz vor Insekten

Die vielfach von der Zubehör-Industrie angepriesenen Insekten-Repellents sind größtenteils Geschäftemacherei und können in einigen Fällen sogar zu Hauterkrankungen führen. Jedes Jahr erscheinen neue Produkte, vor allem für Pferde, die versprechen, die Vierbeiner endlich von der lästigen Fliegenplage zu bewahren. Praktische Erfahrungen haben gezeigt, dass alle Mittel nur über einen sehr kurzen Zeitraum hinweg wirksam sind. Die Präparate mit lang anhaltender Wirkung sind so stark, dass sie bei regelmäßiger Anwendung zu Hautirritationen führen können. Das beste Mittel gegen Fliegen ist, den Tieren ihren eigenen Schutz zu ermöglichen: schattige Plätze und Sand zum Wälzen.

Das Fell schützt vor lästigen Fliegen.

Info

Fellkraulen

Ein Esel, den man an Widerrist oder Mähnenkamm krault, krault auch den Menschen. Da wir keinen Widerrist haben, nutzen unsere Esel unseren Rücken, die Oberarme oder was sonst gerade in ungefährer Widerristhöhe erreichbar ist. Da Esel sich untereinander mit den Zähnen kratzen, werden sie das auch beim Menschen tun. Das schmerzt, ist allerdings nicht zu verwechseln mit Beißen!

Bürsten und Striegeln

Durch Striegeln und Bürsten kann der gesamte Körper eines Esels automatisch kontrolliert werden. Für manche Tiere ist das eine erwünschte Massage, vor allem jedoch willkommener Sozialkontakt zwischen Mensch und Tier.

Bürsten und Striegeln hat allerdings nur dann einen Sinn, wenn nicht nur oberflächlich gearbeitet wird. Esel haben einen Bauch und auch Innengliedmaßen, eine Brust und Fell zwischen den Vorder- und Hinterbeinen. Meist wird das vergessen.

Gegenseitige Fellpflege

Mit einiger Übung kann man den eseltypischen Sozialkontakt in der Form aufnehmen, dass man sich den (schweren) Eselkopf selbst auf eine Schulter legt, um dann mit beiden Händen den Hals umfassend den Widerrist des Tieres kräftig zu kratzen. Der Esel, der gegenputzt, wird dann in die Luft „beißen" und so keinen Schmerz zufügen, aber dennoch das Gefühl einer sozialen Revanche haben.

Glänzendes Fell

Das Fell eines Esels soll im gesunden Zustand und nicht unmittelbar nach dem Wälzen leicht glänzen. Wer sein Tier falsch ernährt oder pflegt, kann das nicht dadurch wettmachen, dass er ihm ein Fellglanz-Mittel aufträgt. Das ist unnötig und Selbstbetrug. Ein Esel soll weder gewaschen noch shampooniert werden! Die Wüstentiere pflegen sich durch Staub und Sand selbst viel besser.

Fellpflege soll nicht der Schönheit dienen, sondern der Kontrolle der Haut und ein körperlicher Kontakt zwischen Mensch und Tier sein.

Ernährung

Esel sind vegetarisch lebende Wüstentiere und keine Wiederkäuer. Diese grundlegende Information erklärt die artgerechte und gesunde Ernährung. Wer sie sich vor Augen hält, kann kaum etwas falsch machen.

Nahrungsaufnahme

Der Verdauungsapparat aller vegetarisch lebenden Wüstentiere ist für die möglichst ständige Aufnahme kleiner Mengen karger und rohfaserhaltiger Nahrungsmittel eingerichtet. Domestizierte Esel haben das beibehalten. In der Natur nehmen sie nährstoffarme Trockengräser, Zweige und Buschwerk sowie harte trockene Blattpflanzen fast den ganzen Tag über und auch nachts auf. Die Nahrungsaufnahme erfolgt im Stehen meist vom Boden beim langsamen Umherstreifen mit gesenktem Kopf. Sie wird von Phasen unterbrochen, die dem Sozialkontakt der Tiere untereinander sowie Fortpflanzung und Körperpflege und dem Ruhen dienen. Von Menschen gehaltene Esel können auf diese Weise nicht ernährt werden. Man sollte jedoch versuchen, dem natürlichen System so nahe wie möglich zu kommen.

Kurze Ruhe nach und vor dem Essen. Danach wird wieder gegrast.

Auch Eselmütter mit Fohlen sollten auf einer Weide in der Gruppe leben.

Wichtig!

Vorsicht Hufrehe
Klee, Luzerne und andere gebräuchliche Futterpflanzen sind zu fructosehaltig für Esel und provozieren die gefürchtete Hufrehe, eine entzündliche Erkrankung des Hufes. Die betroffenen Tiere leiden an starken Schmerzen, bekommen Gelenkerkrankungen und sterben deswegen oft eher, als es bei artgerechter Haltung und Ernährung der Fall gewesen wäre.

Regelmäßige Fütterungszeiten

Das kann erreicht werden durch mehrfaches Füttern täglich zu immer denselben Zeiten. Jahrzehntelange Eselhaltung zeigte, dass die Gleichförmigkeit eine große Rolle dafür spielt, die Nahrung ruhig zu verarbeiten. Die beste Verdauung hat ein Esel im Ruhezustand. Störungen des Ablaufs bringen Unruhe. Das führt zu einer schlechteren Verarbeitung der zur Verfügung gestellten Nahrung.

Sommerweide

Im Sommer reicht es, Esel weiden zu lassen. Zusätzliche Nahrung brauchen sie in der Regel nicht, wenn die Weidefläche ausreicht. Als Faustregel kann man je nach Größe eines Esels festhalten: Ein viertel Hektar pro Tier reicht für die ganzjährige Ernährung vollkommen aus. Man muss darauf achten, dass die zur Verfügung stehenden Weidepflanzen nicht zu nährstoffreich sind.

Giftpflanzen

Esel, die in Europa gehalten werden, sind mit zahlreichen Pflanzen konfrontiert, die sie „genetisch nicht kennen". Darunter sind Futterpflanzen, die zu eiweißhaltig und zu energiereich sind. Zahlreiche europäische Kultur- und vor allem weit verbreitete Zierpflanzen sind für Esel giftig. Sie können sofort nach der Aufnahme Erkrankungen, bleibende Schäden oder sogar den Tod bewirken. Darum muss ein verantwortungsbewusster Eselhalter die Pflanzen kennen, die sein Tier erreichen kann.

Die meisten hochgiftigen Pflanzen werden von Eseln nicht aufgenommen, wenn sie auf der Weide mit genießbarem Bewuchs vermischt sind. Unerfahrene Fohlen können gelegentlich jedoch von Giftpflanzen kosten. Bei einigen wenigen kann das den Tod des Tieres herbeiführen. Viele Esel vertrauen Menschen so stark, dass sie aus der Hand auch sehr giftige Pflanzen oder Pflanzenteile aufnehmen, die sie auf freiem Weideland verschmäht hätten. Darum dürfen Esel nicht aus der Hand gefüttert werden. Man muss dafür sorgen, dass unwissende Spaziergänger oder Besucher (vor allem Kinder!) Esel nicht mit abgerissenem Gras füttern können. In den gut gemeinten Gaben aus der Hand können sich auch giftige Pflanzen verstecken. Übrigens ist das Füttern fremder Tiere gesetzlich verboten, für Schäden haften nach Gerichtsentscheid die Fütterer.

Tabelle Giftpflanzen

Beinbrech *(Narthecium ossifragum)*
Brennender Hahnenfuß *(Ranunculus flammula)*
Buchsbaum *(Buxus sempervirens)*
„Christrose" siehe Stinkender Nieswurz
Efeu *(Hedera helix)*
Eibe *(Taxus baccata)*
(Eselsdistel *(Onopordum acanthium))*
Farn *(Pteridium aquilinium)*
Fingerhut *(Digitalis purpurea)*
Gefleckter Schierling *(Conium maculatum)*
Gelber Hornmohn *(Glaucium flavum)*
Germer *(Veratrum)*
Goldregen *(Cytisus laburnum)*
Heckenkälberkropf *(Chaerophyllum temulum)*
Herbstzeitlose *(Colchicum autumnale)*
Hundspetersilie *(Aethusa cynapium)*
Johanniskraut *(Hypericum perforatum)*
Kirschlorbeer *(Prunus laurocerasus)*
Klatschmohn *(Papaver rhoeas)*
Kleiner Sauerampfer *(Rumes acetosella)*
Kreuzkraut *(Senecio jacobea)*
Lebensbaum *(Thuja occidentalis)*
Liguster oder Rainweide *(Ligustrum ovalifolium)*
Luzerne *(Medicago sativa)*
Maiglöckchen *(Convallaria majalis)*
Osterglocke *(Narcissus pseudonarcissus)*
Quendelsandkraut *(Arenaria serpyllifolia)*
Rainfarn *(Tanacetum vulgare)*
Rhododendron *(Rhododendron)*
Robinie *(Robinia pseudo acacia)*
Scharfer Hahnenfuß *(Ranunculus acris)*
Schmerzwurz *(Tamus communis)*
Schöllkraut *(Chelidonium majus)*
Sonnenwolfsmilch *(Euphorbia helioscopia)*
Stechapfel *(Datura stramonium)*
Stinkender Nieswurz *(Helleborus foetidus)*
Tollkirsche *(Atropa belladonna)*
Weißklee *(Trifolium repens)*

Tipp

Wechselweidebetrieb mit Kühen oder Schafen

Sind keine Magerweiden vorhanden, muss es zumindest eine Aufteilung der Fläche in verschiedene Parzellen geben, die man vor allem zur Hauptwachstumszeit jeweils sehr lange und tief abgrasen lässt. Die beste Lösung ist der Wechselweidebetrieb mit Kühen und/oder Schafen, was jedoch nur selten zu verwirklichen ist. Diese Wiederkäuer fressen nämlich bevorzugt die nährstoffreichen Gräser und lassen Eseln noch ausreichend andere Nahrung übrig, wenn sie nicht zu lange auf einer Parzelle geweidet haben.

Pflanzen erkennen

Jeder Halter muss sich mit den Bestandteilen der Nahrung für sein Tier befassen. Das fordert zwingend das Tierschutzgesetz. Ein Eselhalter muss die einzelnen Pflanzen kennen, die auf seiner Weide wachsen.

Einige Pflanzen sind auch dann noch giftig, wenn sie in getrocknetes Heu gemischt wurden. Darum ist sehr zu empfehlen, beim Kauf von Heu den Platz zu kontrollieren, an dem es geschnitten werden soll, bevor gemäht wird. Glücklicherweise verlieren die meisten Giftpflanzen nach der Trocknung ihre Gefährlichkeit.

Es wird dringend empfohlen, dass sich Eselhalter ein botanisches Bestimmungsbuch zulegen, mit dessen Hilfe sie die auf ihrer Weide vorhandenen Pflanzen erkennen können. Im Literaturverzeichnis sind einige Titel aufgeführt.

Wichtig!

Kein Weizen für Esel

Im Weizen sind Bestandteile, die der Eselmagen nur schlecht verarbeitet. Brot ist meist mit Weizenmehl gebacken. Direktoren guter zoologischer Gärten und naturverbundene Tierärzte sind heute der Ansicht: Brot ist kein Tierfutter, allenfalls für den Menschen geeignet. Bei Eseln werden durch Verabreichen von Brot oft schwere Koliken hervorgerufen, die zu Todesfällen führen können.

Überergewicht

Leider sind die meisten in Europa gehaltenen Esel überernährt. Ihre Besitzer tragen dafür die Verantwortung. An Eselweiden sollten fremde Besucher nicht unkontrolliert herankommen können. Meistens wird Brot zu den Tieren geworfen – im Irrglauben, etwas Gutes zu tun. Vermeintliche Leckerbissen an Tiere zu verteilen ersetzt Zuneigung nicht. Es ist eine Unsitte in unserer schnelllebigen Zeit, Tiere mit Leckerbissen rasch anzulocken, um sie kurz berühren zu können. Zoos können an Wochenenden kaum nachkommen, ihre Tiere vor zudringlichen Besuchern zu schützen und haben meist ab montags mit den gesundheitlichen Folgen zu kämpfen.

Schutz vor Fütterung durch Fremde

Wer seinen Esel liebt, schützt ihn vor den Leckereien durch Kinder und andere Fremde. Noch größer ist die Gefahr durch Spaziergänger und Wanderer, die Eseln ihre Vesperbrote anbieten, die nicht selten mit tierischen Produkten wie Wurst, Käse oder Eiern belegt sind! Tierisches Fett ist jedoch Gift für den vegetarischen Esel.

Typisches Erscheinungsbild des Esels

Zum arttypischen äußerlichen Standard eines Esels gehört es, dass man seine Hüftknochen sehen kann. Die Rippen müssen fühlbar, aber gerade eben nicht mehr sichtbar sein. Haben Esel Hinterbacken wie Pferde, sind sie zu fett. Auch eine runde Kruppe deutet darauf hin. Sind gar Fettwülste zu erkennen, die sich am Rückgrat oder Hals gebildet haben, grenzt die Ernährung schon an Tierquälerei. Das bei Eseln eingelagerte Fett ist sehr bindegewebsreich und auch deswegen nur sehr schwer wieder abbaubar. Durch eine Diät verlieren viele Esel nur sehr wenig überschüssiges Fett, erleiden aber Mangel an wichtigen Stoffen.

Artgerecht gehaltene und ernährte Esel werden so alt wie ihre wilden Vorfahren, meist fünfzig Jahre und mehr. Die größte Zahl der in Europa gehaltenen Hausesel stirbt früher, weil sie überernährt wurde. Laminitis und Hyperlipaemia (Erhöhung des Blutfettspiegels) sind die verantwortlichen Krankheiten dafür.

Sehr gut genährte Eselgruppe auf idealem Boden.

Essen für zwei

Vor allem gegenüber trächtigen Stuten machen Menschen große Fehler. Sie glauben, dass während der Zeit der Trächtigkeit zwei Tiere zu ernähren sind. Das ist falsch! Die Stute ernährt ihren Fötus aus sich und benötigt dafür nur die auch sonst übliche Nahrung. Allerdings ist sehr darauf zu achten, dass sie ausreichend Vitamine und Mineralstoffe aufnehmen kann. Hier ist eine Zufütterung möglicherweise nötig. Eiweiß und andere Stoffe braucht sie nicht mehr als sonst auch. Wird sie während der Trächtigkeit zu stark gefüttert, muss ihr Skelett nicht nur zu ihrem eigenen Normalgewicht noch das von Fötus, Umhüllungen und Fruchtwasser tragen, sondern zusätzlich das gebildete unnütze Zusatzfett. Das führt leicht zu einer nicht selten irreversiblen Verkrümmung des Rückgrates! Sofort nach einer Geburt benötigt eine Eselstute allerdings erheblich mehr Nahrung als zuvor, da sie dann Milch produzieren muss, was sie stark auszehren kann. Viel wichtiger als das Streicheln und Schmusen mit dem Eselfohlen ist es, sich um die gesunde und artgerechte Ernährung der Stute zu kümmern und vor allem fremde Kinder vom Fohlen fernzuhalten.

Info

Übergewichtige Esel

Die bereits zitierte amerikanische Tierschützerin und Präsidentin des Esel- und Maultierverbandes, Betsy Hutchins, erinnert immer wieder mahnend daran, Esel nicht zu stark zu ernähren. Gerade in den USA lieben es die rastlosen Menschen, Tiere aus der Hand zu füttern, zu fotografieren und weiterzuziehen. Darum sind auch dort die meisten Esel nach Hutchins zu fett, was schwere gesundheitliche Probleme zur Folge hat.

> **Info**
>
> **Ein Zeichen artgerechter Ernährung**
>
> Zum Standard des größten Esels der Welt, Baudet du Poitou, gehören hervorstehende Hüftknochen, weil das für einen Esel ein Zeichen artgerechter Ernährung ist. Auch zu anderen Rassestandards gehört das. Da im deutschsprachigen Raum keine Eselrassen existieren, werden die Esel dort oft überfüttert, damit sie Pferden gleichsehen.

Kleine Futterrationen

In Australien besteht eine lange Tradition in der Zucht und Nutzung von Eseln. Dieses Wüstenland ist ein für Esel gut geeignetes Gebiet. In australischen Fachbüchern werden Eselhalter energisch davor gewarnt, ihre Esel zu überfüttern. Dort heißt es richtig: „Esel essen wenig und oft." Der Eselsmagen ist klein und nicht eingerichtet für nur zwei oder gar nur eine mächtige Mahlzeit am Tag. Der natürliche Verdauungsrhythmus basiert darauf, dass ein Esel ständig kleine Mengen Futter aufnimmt. Dann mistet er etwa alle zwei Stunden. Eselhaltern ist dementsprechend zu empfehlen, ihre Tiere so oft wie nur möglich täglich mit kleinen Rationen zu füttern, wenn sie sich nicht sommers das Futter selbst suchen können. Vier Mal am Tag zu füttern ist eher zu wenig als zu viel!

Esel richtig füttern

Die „Donkey Sanktuary" hat nach vielen Jahren Forschung an domestizierten Hauseseln festgestellt, dass diese Tiere am gesündesten ernährt werden, wenn sie 1,75 bis 2,25 Prozent ihres Kör-

Kein Fettnacken, die Hüftknochen sind andeutungsweise zu sehen – diese Esel haben Idealgewicht.

Auswahl, Haltung und Pflege

Heu ist ideal für ein Tier aus Trockengebieten.

pergewichtes in trockenem Futter erhalten. Das bedeutet für einen Esel, der 170 Kilogramm wiegt, etwa drei Kilogramm Trockenfutter am Tag, verteilt auf möglichst viele kleine Rationen. Auf gar keinen Fall darf davon mehr als ein Viertel als Kraftfutter gegeben werden, also in Form von Getreide. Im genannten Beispiel entspräche das 750 bis höchstens 900 Gramm pro Tag an Körnern. Der Rest der Nahrung muss in Form von Heu mittlerer Qualität und Stroh angeboten werden. Übrigens essen Esel bei großer Kälte erfahrungsgemäß mehr Stroh als an warmen Tagen.

Als Kraftfutter für Esel gelten Körner, die man am günstigsten in gequetschter Form darreicht. Vitamine und die schon erwähnten Mineralstoffgaben müssen das Körnerfutter immer ergänzen. Ständig hat sauberes Wasser zur Verfügung zu stehen.

Vorsicht tierische Fette

Das Füttern von industriell gefertigten Pellets (in der Pferdezucht leider weit verbreitet) ist strikt abzulehnen. Bis heute ist es noch nicht verboten, in Industriepellets auch tierische Fette, in gewissen Grenzen sogar ohne Deklarierung, einzuarbeiten. Esel sind wie Pferde, Schafe und Rinder Vegetarier. Durch das Verfüttern von tierischen Fetten ist zum Beispiel die berüchtigte Rinderseuche BSE entstanden! Es gibt heute auch durch die Beipackzettel der Hersteller keine Garantie dafür, dass in Granulaten keine tierischen Fette eingearbeitet sind. Solange es kein kontrollierbares Verbot für die Einarbeitung von Tierkadavern in Tierfutter gibt, haben Pellets im Eselstall nichts verloren.

Tipp

Gewichtsempfehlung

Die britische „Donkey Sanctuary" hat eine Handreichung für Eselhalter erarbeitet, die notwendige Tagesrationen beschreibt. Auch in Großbritannien, so stellte der erfahrene Tiermediziner Professor D.W.B Sainsbury fest, seien die meisten Esel krankhaft übergewichtig. Sie wiegen dort bei einer Widerristhöhe von 1,04 m bis 1,12 m nicht selten 185 Kilogramm und mehr! Das von der Donkey-Sanctuary empfohlene Gewicht für Esel dieser Größe beträgt maximal zwanzig Kilogramm weniger.

Tief im Heu riecht die Nase die besten Halme heraus.

No-Nos der Eselfütterung

Die bereits zitierten erfahrenen australischen Eselzüchter haben eine Liste zusammengestellt, in der das enthalten ist, was ein Esel niemals aufnehmen darf. Sie nennen das „It's a no no":

Füttern Sie Ihren Esel niemals mit
> Papier, Plastik, (Metall)folie oder Pappe.
> Fleisch.
> tierischen Fetten oder Milchprodukten. (Die einzige Ausnahme ist ein verwaistes Fohlen, das Ersatz für die fehlende Muttermilch haben muss.)
> Rasenschnitt oder gemähtem Gras. (Solches Futter erhitzt sich und gärt im Magen, verursacht dadurch bei einem Esel Koliken, die rasch zum Tod führen können. Rasenschnitt kann zudem giftige Pflanzenteile enthalten oder Rückstände von Unkrautvernichtungsmitteln [Herbiziden] oder Insektenvernichtungsmitteln [Pestiziden], die zum Tod eines Esels führen können.)
> Kleie, wenn er jünger als 12 Monate ist. (Kleie entzieht dem Körper sehr rasch Calcium. Das kann zu gefährlichen Mangelerscheinungen beim Wachstum führen.)
> Schweinefutter, Hühnerfutter, Trockenmilch etc.
> Weizen. (Brot wird mit Weizen gebacken, unter Zusatz von Wasser und Hefe quillt der Teig. Da der Verdauungstrakt eines Esels ähnliche Bakterien wie Hefe enthält, kann das zu einem ähnlichen Prozess führen: Der Weizen quillt auf, verursacht Blähungen und Koliken beim Esel, die den Tod herbeiführen können. Übrigens wirkt auch gekochter Weizen [in „mash"] für Esel wie ein Gift.)

Körner immer nur zeitweise und in einem Eimer am Boden zugeben.

Zufütterung von Kraftfutter

Körnergaben können bei unterernährten Eseln nötig sein, bei laktierenden Stuten und bei Eseln, die schwere Arbeiten verrichten müssen oder in Winterställen, wenn die Heuqualität nicht ausreicht. Bur Menge ist zu bedenken, dass es sich um Kraftfutter handelt. Werden Körner zum Beispiel im Winter gefüttert, ist die Heumenge zu reduzieren. Pro einhundert Kilogramm Körpergewicht reichen fünfhundert Gramm Körner für einen Esel zur Deckung des gesamten Nahrungsbedarfs aus! Kraftfutter hat den Nachteil, dass es rasch aufgenommen wird. Dadurch ist die maximale Tagesration an Energie und Eiweiß schnell erreicht und die Tiere müssen gelangweilt herumstehen. Die Aufnahme von Kraftfutter läuft dem natürlichen Verdauungsrhythmus der Esel zuwider.

Die besten Erfahrungen wurden mit gequetschter Gerste und geringfügigen Beimengungen von gequetschtem Mais gemacht. In diese Getreidemischungen können und sollen zusätzliche Mineral-

Weniger Kraftfutter ist mehr, auch wenn der Esel das nicht so sieht.

stoffgaben, am besten in Pulverform und vitaminisiert beigemischt werden. Manche Esel nehmen allerdings solche Mischungen nicht mehr gut auf. Dann sind Mineral-Lecksteine anzubieten. Als natürliche Vitaminspender bieten sich im Winter geraspelte Möhren und geraspelte Rote Beete an. Mit der Verabreichung von Äpfeln ist sehr sparsam umzugehen, niemals aus der Hand und zur Vermeidung von Erstickungsgefahr bei Verschlucken immer in Stücke zerteilt anbieten.

Wichtig!

Vorsicht bei der Zufütterung

> *Luzerne-Heu ist für die meisten Esel zu eiweißhaltig, kann aber dann zeitlich begrenzt helfen, wenn ein Tierarzt bei einem Esel Eiweißmangel festgestellt hat, was sehr selten vorkommen kann.*
> *Mais ist sehr energiehaltig und gilt als aufheizendes Futter. Geringe Beimengungen zu Gerste sind empfehlenswert.*
> *Das beste Körnerfutter ist gequetschte Gerste, die etwa sechzig Prozent Energie und nur zehn Prozent Eiweiß enthält.*
> *Sonnenblumenkerne können als zeitlich beschränkte Kur in sehr kleinen Mengen zugegeben helfen, den Fellwechsel im Frühjahr erleichtern.*
> *Hafer ist ein Getreidekorn, das für Esel zu energiehaltig ist und selbst bei der Fütterung von Pferden zur Leistungssteigerung im Sport Verwendung findet.*
> *Weizen ist wie mehrfach beschrieben schlichtweg Gift für Esel.*

Ernährung

Verhalten und Erziehung

Achtung und Vertrauen

Zur Erziehung eines Esels mögen hier einige grundsätzliche Hinweise genügen.

Seit der Erforschung des natürlichen Verhaltens von Tieren geraten die alten Methoden von Dressur und Abrichten zu Recht immer mehr in den Blickwinkel der Kritik von Tierfreunden. Der Begründer des Hamburger Tierparks Hagenbeck konnte noch im vorigen Jahrhundert gemeinsam mit Tieren auch Menschen in anderen Erdteilen fangen lassen, um sie wie Tiere in sogenannten Völkerschauen vorzuführen. In der Zeit des deutschen Kolonialismus und Rassismus gab es gegen solche verabscheuungswürdigen Darbietungen kaum Kritik.

„Zur Schau gestellt werden wie ein Tier" dürfen heute außer dem Menschen nahezu alle Lebewesen. Die neuere Verhaltensforschung an Primaten-Affen wie den Schimpansen hat erfreulicherweise dazu geführt, dass man inzwischen darüber nachdenkt, zumindest diesen der Evolution des Menschen am nächsten stehenden Lebe-

Auswahl, Haltung und Pflege

wesen Rechte einzuräumen. Heute weiß man, dass Mensch und Affe genetisch fast identisch sind (96 % Übereinstimmung). Das Recht des Menschen, zum Beispiel einen Schimpansen zu behandeln wie ein Tier, obwohl dieses Lebewesen Gefühle und ein Bewusstsein hat, denken kann und sogar mit der Möglichkeit ausgestattet ist, auf eine bestimmte Art zu sprechen, wird ethisch, moralisch, wissenschaftlich und sogar juristisch immer häufiger angezweifelt.

Der Einsatz von Equiden in der Geschichte

Die Cambridge-Gelehrte Juliet Clutton-Brock schreibt in ihrem Standardwerk „Horse Power" über die Geschichte von Mensch und Equiden in der Zivilisation:
„Pferde, Esel und Maultiere waren in guten und in schlechten Dingen Begleiter des Menschen auf seinen Wegen. Seit Beginn des Maschinenzeitalters wurden ihre Dienste für fast alle menschlichen Vorhaben genutzt. Dabei wurde das Pferd unwissentlich Komplize für die menschliche Zerstörung der Natur und dessen sinnloses Abschlachten ungezählter Wildtiere. Nicht zuletzt muss auch die bewusste Entvölkerung in Amerika und Australien dazugerechnet werden, wo die einheimischen Bewohner vor dem Einbruch der Europäer in Einklang mit ihrer Natur gelebt hatten. Die als *Entdeckung der Neuen Welt* bezeichnete Verwüstung wurde nicht zuletzt dadurch möglich, dass die europäischen Eindringlinge sich zunächst rasch als Reiter auf Pferderücken fortbewegen und später schwere Lasten mit ihren Maultierzügen transportieren konnten. Zubrow hat bereits 1990 festgestellt, dass die rasche Ausbreitung europäischer Krankheiten in Amerika ein Ergebnis der Dezimierung der angestammten Bevölkerung ist, die mit dem Zusammenbruch des sozialpolitischen Systems der einheimischen Stämme einherging. Es ist Zeit, zu erkennen, dass es eine *Entdeckung der Neuen Welt* ohne das gewaltsame Eindringen der Europäer in zwei Kontinente nicht gegeben hätte, die ihre eigenen, sehr lange vorher bestehenden angestammten menschlichen Kulturen hatten. Ohne den Einsatz von Pferden und Packtieren hätten die Invasionen nicht erfolgreich sein können. Heute, fünfhundert Jahre nach der Landung von Christopher Kolumbus (1492), gibt es einen großen Bedarf an einem Verständnis für die Reichhaltigkeit der

In Namibia setzen die Menschen selbst beim Fahren keine schmerzenden Gebisse ein.

alten zerstörten Kulturen. Noch größer ist die Notwendigkeit einer neuen Strategie zur Erhaltung allen Lebens auf der Erde und der Unterdrückung aller Grausamkeiten gegen Menschen und Tiere." So klare kritische Worte nehmen auch in wissenschaftlichen Arbeiten über Equiden erfreulicherweise zu, werden aber von Massenmedien und einem breiten Publikum leider nicht ausreichend zur Kenntnis genommen.

Artgerechte Haltung und Nutzung von Equiden

Wer sich für eine artgerechte Haltung und Nutzung von Equiden einsetzt, macht sich leider oft Feinde in Kreisen von Züchtern, Reitvereinen, bei einer am Alten hängenden einschlägigen Fachpresse und in den Sportredaktionen der Medien. Beim Kampf für die Rechte auch der Equiden auf artgerechtes und naturnahes Leben muss man bis heute dem gegenüber rücksichtslos sein.

Dennoch gibt es auf der anderen Seite mehr und mehr beachtete einzelne Initiativen und erfreuliche Bestrebungen, auf die Unterdrückung von Tieren, besonders von Pferden und Eseln, zu verzichten. *Der Pferdeflüsterer* ist ein Kinofilm, der weltweit von Millionen Menschen mit Begeisterung gesehen wurde. Dabei ist die natürliche Methode der Pferdeerziehung, die in dem Werk leider nicht konsequent dargestellt wird, nicht neu. Bereits vor zig Jahren hat Monty Roberts sie dargestellt und sogar gegen seinen eigenen Vater dafür gekämpft. Grundlage ist seine Erkenntnis, dass man als vernünftiger Mensch Tiere nur dann erziehen kann, wenn man ihr natürliches Verhalten in Freiheit lange beobachtet hat und sich diesem anpasst. Auch mit Eseln kann man „flüstern".

Esel haben keinen Schmerzlaut

Tritt man einer Katze auf den Schwanz, wird sie jämmerlich aufkreischen und fauchen. Stößt man versehentlich an einen Hund, wird dieser jaulen und winseln. Verletzt man ein kleines Ferkel, sind markerschütternde Schreie zu hören. Diese natürlichen Lautäußerungen dienen dazu, der Umwelt mitzuteilen: Hier ist die Grenze. Die meisten Lebewesen haben eine genetisch festgelegte Tötungshemmung. Das gilt auch für den Menschen. Schmerzlaute haben unter anderem den Zweck, bei einem Angreifer diese Tötungshem-

Das Eselfohlen lernt den Menschen langsam durch Beriechen kennen.

mung zu provozieren. Raubtiere, die hungrig sind, überwinden die Hemmschwelle leicht. Jeder normale Mensch wird ein Tier sofort loslassen, das vor Schmerz schreit, wenn er es nicht schlachten will. Equiden haben nicht die Möglichkeit, vor Schmerz zu schreien. Der heute in den USA lebende bekannte deutsche Reiter und Pferdefreund Fred Rai hat in einem Interview die Meinung geäußert, es würden keine Fernsehsendungen über Pferdesport mehr ausgestrahlt werden, wenn diese Tiere einen Schmerzlaut hätten. Bedingt durch den Einsatz von Gebissen, Gerten und Sporen gäbe es dann nämlich eine Veranstaltung mit dem akustischen Hintergrund von Wehklagen und Schmerzschreien. Tierfreunde lehnen die Nutzung von Trensen, Gebissen, Peitschen, Sporen, Gerten und anderen Marterinstrumenten für Pferde, Esel und Maultiere strikt ab.

Rechtliche Grundlagen

Tiere sind auch in den Gesetzen des deutschsprachigen Raums, nach jahrzehntelangen zum Teil belächelten Kämpfen von Tierschützern gegen viele Widerstände, heute glücklicherweise keine juristische Sache mehr. Das ist nur der erste Schritt.

Rechtlich werden vermutlich als Erste die Primatenaffen als denkende, fühlende und mit einem Bewusstsein ausgestattete Lebewesen dem Menschen nähergerückt werden. Ihre Ausbeutung zum Beispiel in Labors für Tierversuche wird vermutlich zuerst verboten werden. Bis auch Equiden per Gesetz einen ihrer Art entsprechenden Schutz genießen, wird bedauerlicherweise noch sehr viel Zeit vergehen müssen. Jeder Besitzer eines Pferdes, eines Esels, eines Maulesels oder eines Maultieres hat für sich die Möglichkeit, die Gangwerke schneller zu machen.

Der plüschige Kopf eines Poitoufohlens ist riesig und schwer.

Info

Kein Schmerzlaut

Esel haben wie andere Equiden von Natur aus keinen Schmerzlaut mitbekommen. Das bedeutet: Wenn ein Esel ruft, hat das immer eine andere Ursache. Diese Erkenntnis kann man nicht oft genug verbreiten. Der Mensch, der Equiden hält oder nutzt, trägt schon deswegen eine ungeheure Verantwortung.

Info

Dressur versus Erziehung

Der Unterschied zwischen Dressur und Erziehung liegt darin, dass im einen Fall der Dompteur des Tieres sich nicht scheut, dessen Willen mit Gewalt zu brechen und durch Zufügen von Schmerz ein Verhalten zu erzwingen, das dem Tier nicht eigen ist. Im anderen Fall will der Mensch als Tierlehrer Partner seines Mitgeschöpfes werden und in sozialer Verbundenheit Gemeinsamkeiten erleben auf der Basis von Vertrauen zueinander.

Partnerschaft und Vertrauen

Partnerschaft und Vertrauen sind die Zauberworte der Eselerziehung. Als Voraussetzung dazu gehören Kenntnisse über das natürliche Verhalten dieser Tierart.

Wie mehrfach geschrieben: Esel sind Wüstentiere, Pferde stammen aus der Steppe. Die heute gebräuchlichen Pferderassen sind Kunstprodukte des Menschen und weit vom Wildpferd entfernt. Hausesel haben sich auch nach der Domestizierung durch den Menschen viele ihrer natürlichen Eigenschaften weitgehend bewahrt. Sie sind ihren wild lebenden Vorfahren noch sehr gleich. Auch darin liegt ein Grund für manche Vorurteile gegen sie. Esel sind nicht störrisch, dumm, faul, bissig.

Wildesel und ihre Nachfahren

Wildesel sind weitgehend ausgerottet worden. Während des Irak-Krieges sollen von Menschen die letzten dort noch in Freiheit lebenden Onager geschlachtet und gegessen worden sein. In Äthiopien musste ein dort existierendes Auswilderungsprogramm wegen des Bürgerkrieges abgebrochen werden. Von den asiatischen Wildformen sollen nur noch bedrohlich wenige Exemplare in Freiheit existieren. Einige zoologische Gärten unterstützen Erhaltungszuchtprogramme. Leider gibt es heute kaum noch die Möglichkeit, das Verhalten von Eseln in Freiheit zu beobachten. Selbst die meisten Wissenschaftler sind auf verwilderte (ferale) Esel oder in Gefangenschaft gehaltene Wildesel angewiesen, die allerdings zum Teil unter sehr naturnahen Bedingungen leben können. Glücklicherweise sind Ergebnisse älterer Forscher verfügbar, die Wildesel noch in Freiheit beobachtet haben.

Zebras haben ein ähnliches Sozialverhalten wie Esel.

Wer bei einem Urlaub Zebras in Afrika sieht, kann viel über Esel lernen.

Wildtiere beobachten – Verhalten verstehen

Besitzer von Hauseseln haben große Vorteile bei der Haltung, Erziehung und Nutzung ihrer Tiere, wenn sie sich mit dem natürlichen Verhalten von Eseln beschäftigen. Das befähigt sie, die Anforderungen auch des Tierschutzgesetzes besser zu erfüllen, das eine artgerechte und naturnahe Haltung verbindlich vorschreibt.

Wer heute das Verhalten von Eseln begreifen will, hat die Möglichkeit, Zebras in freier Wildbahn zu beobachten. Nach allen derzeitigen Erkenntnissen gleichen die Sozialstrukturen vor allem der Grevy-Zebras denen der afrikanischen Wildesel sehr.

Esel sind keine Herdentiere wie Pferde, sie haben keine Rangordnung und keinen angeborenen Fluchtinstinkt. Das wird leider sogar in den amtlichen „Empfehlungen zur Eselhaltung" nicht berücksichtigt, die erfreulicherweise in Deutschland erarbeitet wurden.

Eseltypische Sozialstruktur

Wie Grevy-Zebras leben Eselhengste in der Natur entweder standorttreu auf einem Territorium von etwa fünf Quadratkilometern Durchmesser oder weit abseits einer Gruppe von Stuten. Die Hengste meiden den Kontakt zu Stuten außerhalb der Paarungszeit. Die weiblichen Tiere weisen Annäherungsversuche oft sogar aggressiv zurück. Eselhengste bilden im Gegensatz zu männlichen Pferden keine Harems um sich, die sie gegenüber Nebenbuhlern verteidigen. Die eseltypische Sozialstruktur ist auch ein System der Natur gegen Inzucht. Der territorial gebundene Hengst deckt dadurch immer wieder andere Stuten.

Die braune Stute ist rossig, die graue beknabbert sie wie ein Hengst.

Danach besteigt die rossige Stute einen weiblichen Poitouesel – ein nicht in Normen zu pressendes Sexualverhalten.

Ein junger Poitou-Hengst interessiert sich sehr für einen kleinen schwarzen Eselwallach.

Eselstuten leben in lockeren Verbänden nomadisierend mit ihren noch nicht geschlechtsreifen Fohlen zusammen. Die Bindung der weiblichen Tiere untereinander ist sehr individuell und kann sich rasch ändern. Selbst jahrelang arbeitende Tiersoziologen haben bislang keine Regeln für ein eseltypisches Verhalten aufstellen können. Esel verweigern sich offenbar den Messmethoden, die diese Wissenschaft seit langer Zeit anwendet, erfolgreich. Die Fokustier-Methode scheint zur Beobachtung von Eseln und Grevy-Zebras nicht gut geeignet zu sein. Esel lassen sich nicht in das Ordnungssystem der üblichen Computerprogramme zwängen. Als Resultat der wissenschaftlichen Untersuchungen liest man vielleicht deswegen oft Formulierungen wie „Die Verbände sind offen" oder „Sämtliche Beziehungen sind individualisiert" und „Es gibt zeitweise Präferenzen für den Aufenthaltsort und die Aktivität untereinander".

Schutz gegen Inzucht

Für dieses Verhalten gibt es eine mögliche Begründung: Das ist ein zweites System der Natur gegen Inzucht. Begegnen sich (zufällig) in der Natur zwei nomadisierende Esel-Stutengruppen, dann wechseln die Partnerinnen auch über die Gruppengrenzen hinweg ihre Sozialkontakte. So entstehen immer wieder andere Blutzusammensetzungen der Gruppen, die der Natur von Eseln offenbar angemessen sind. Man konnte feststellen, dass Eselmütter ihre Fohlen in der Regel mit sechs Monaten und später allein in der Gruppe bei den „Tanten" zurücklassen, wenn sie die Partnerinnen wechseln. Auf diese Art könnten in der Natur die Fohlen von der Muttermilch abgesetzt werden.

Sozialstruktur ohne erkennbare Rangordnung

Eine Rangordnung unter Stuten ist bislang nicht festgestellt worden. Aggressives oder abwehrendes Verhalten entsteht unter Eseln nur dann, wenn die Nahrung oder der Platz nicht ausreichen. Nur bei Junghengsten, die sich ausnahmsweise für eine begrenzte Zeit zu einer Gruppe zusammenschließen können, bis sie ihre eigenen Reviere gefunden haben, konnten zeitlich limitierte Hierarchien festgestellt werden. Solche Strukturen werden von den Verhaltensforschern nicht als Rangordnung bezeichnet.

Esel haben keinen Fluchtinstinkt

Wie viele Tiere, die in der Wüste leben, haben Esel keinen Fluchtinstinkt. In ariden, kaum oder nicht bewachsenen sehr heißen Regionen ist das Wegrennen vor einem Angreifer meist sinnlos. Für große Tiere, die keine Möglichkeit haben, sich zu verstecken, würde Flucht leicht den Tod durch Kreislaufzusammenbruch bedeuten.

Stehen bleiben als natürlicher Schutzreflex

Viele unwissende Menschen denken, Esel seien störrisch. Ihre Augen sind jedoch für das Überblicken weiter Räume in der Natur eingerichtet, damit sie mögliche Angreifer frühzeitig erkennen können. Das hat einen Nachteil: Alles, was sehr nah vor ihnen ist, sehen sie übergroß und damit als Gefahr. Da jede Bedrohung den natürlichen Schutzreflex auslöst, bleibt ein Esel oft stehen, wenn man versucht, ihn von vorne zu ziehen! Der unwissende Mensch hat den natürlichen Schutzreflex ausgelöst, der mit Sturheit seitens des Esels nichts zu tun hat.

Info

Bei Gefahr stehen bleiben

Manche Raubtiere, die Equiden gefährlich sind, können aufgrund anatomischer Besonderheiten ihrer Augen und genetisch festgelegter Sinneswahrnehmung nur bewegliche Ziele als Beute erkennen. Das hat in der Wüste zu einem sehr praktischen Schutzmechanismus der Beutetiere geführt: Stehen bleiben. Kleine Reptilien und große Insekten haben dieses Schutzverhalten gegenüber bestimmten Schlangen entwickelt. Auch Esel schützen sich in der Natur in der Regel vor Gefahr durch Stehenbleiben.

Mahnmal gegen menschliche Ignoranz: Ein störrischer Mensch will seinem Esel nicht glauben, dass es gefährlich ist, weiterzugehen.

Küssen ist streng verboten, joggen sehr erlaubt.

Bei Pferden nutzt der Mensch den natürlichen Fluchtinstinkt für seine Zwecke aus. Er kann das Tier durch Rufen, Brüllen, Peitschenknallen, Prügel, Gertenhiebe und andere Gewalt so in Furcht versetzen, dass es galoppiert. Dieses Fluchtverhalten setzt der Mensch mit Gewalt für sich in Geschwindigkeit um. Da Esel keinen Fluchtinstinkt haben, funktioniert diese perfide Methode bei ihnen nicht. Esel sind nur sehr schwer zum Galoppieren zu bringen. Durch Schmerz und Gewalt wird der natürliche Schutzreflex beim Esel ausgelöst und der heißt: Stehen bleiben.

Fast alle herkömmlichen Methoden, mit denen Pferde (und leider gelegentlich auch Maultiere) eingeritten, eingefahren oder auf andere Weise mit Gewalt abgerichtet werden, taugen für Esel selbst dann nicht, wenn man auf den Tierschutz pfeift. Esel wehren sich erfreulicherweise mit ihrem natürlichen Verhalten gegen gewalttätige Menschen. Sie lassen sich nicht leicht unterwerfen, sind nicht devot, ordnen sich einem Diktat nicht unter. Charakterlich verbildete Esel können allerdings so starke genetische Defekte aufweisen, dass es Ausnahmen gibt. Diese Tiere erweisen sich meist deswegen als für die Freizeit unbrauchbar, weil der charakterliche Defekt sie gleichzeitig unberechenbar gemacht hat.

Esel sind keine Haustiere für Herrenmenschen und Generalstypen. Nur tierfreundliche, aber dennoch konsequente Menschen können Esel für sich gewinnen und werden Freude an einer gemeinsamen Freizeitgestaltung mit ihnen haben. Vertrauen ist die einzige Basis, die zählt und wirkt.

So betrachtet beginnt die Erziehung eines Esels mit der Zucht. Die Auswahl unverbildeter und genetisch einwandfreier Elterntiere bietet die Voraussetzung für den Erfolg jeder späteren Erziehung.

Info

Charakterliche Verbildungen
Es gibt allerdings Esel, die gemeinsam mit Pferden groß werden mussten, aus unkontrollierten Vermehrungen stammen und sich im Verhalten den Pferden angepasst haben. Sie zeigen gelegentlich Fluchtverhalten und sogar Aggressivität in der Gruppe mit anderen Tieren. Solche charakterlichen Verbildungen dürfen nicht allgemein auf Esel übertragen werden.

Erziehung beginnt mit Vertrauen

Die Erziehung der Eselfohlen beginnt unter der Stute, wo sie vom seriösen Züchter menschlich begleitet wird, führt im Fohlenalter in der Gruppe oder Gesellschaft anderer Menschen und Tiere weiter und endet niemals!

Das Vertrauen zwischen Besitzer und Esel muss Zeit haben zu wachsen. Damit es entstehen kann, dürfen die im „Kodex" (S. 212) beschriebenen Richtlinien zur Nutzung der Tiere nicht vernachlässigt werden.

Gelassenheit und Ruhe

Zur Eselerziehung gehört die Erkenntnis, dass man ein Tier hat, das sehr alt werden kann. Es muss also lange Zeit haben, lernen zu dürfen. Das fordert von den Menschen gerade in unserer hektischen und unruhigen Zeit sehr viel Geduld.

In der Natur macht jeder Esel seine eigenen Erfahrungen. Da er kein Herdentier ist, wechselt er die Gruppe mehrfach in seinem Leben oder verbringt die Zeit als Hengst solitär. Für den Halter eines Esels bedeutet das, zu respektieren, dass sein Tier sich immer wieder selbst vergewissern will, ob eine Gefahr besteht. Ein Esel, der jahrelang ohne zu zögern hinter seinem Besitzer durch strömende Bäche gewatet ist, kann plötzlich ohne für den Menschen erkennbaren Grund vor einer Regenpfütze haltmachen, um ausgiebig zu prüfen, ob keine Gefahr besteht. Das fordert vom Menschen Gelassenheit und Ruhe.

Info

Nicht zu früh einsetzen

Eselfohlen oder Jungesel, die zum Beispiel schon mit dem ersten Lebensjahr die Erfahrung machen mussten, dass ihre Besitzer sie möglichst rasch nutzen wollen (Reiten, Fahren, Gepäck tragen, lange Wanderungen), werden niemals so großes Vertrauen zu ihren Besitzern entwickeln wie Tiere, die ihre Kindheit bis zum vollendeten dritten oder besser vierten Lebensjahr ausleben durften. Zu früh genutzte Esel werden immer schwieriger zu handhaben sein und bei außergewöhnlichen Situationen rascher das Vertrauen verlieren.

Info

Esel gehen ihren eigenen Weg

Während der Arbeit wird ein Esel immer wieder versuchen, seinen eigenen Weg zu gehen. Als Gepäckträger auf einer Wanderung kann auch ein Esel, der schon viele Jahre Erfahrung hat, stehen bleiben, um am Wegrand zu fressen. Das fordert sanfte Konsequenz vom Menschen und Autorität durch Vertrauen beim Tier. Tiere kennen das Wort Ausnahme nicht. Jede Ausnahme wird sofort zur neuen Regel.

Zucht und Rassen

Zucht

Kein Hobby für Laien

Diese Überschrift wird vielen Eselhaltern nicht gefallen. Tierschutzvereine können dem zustimmen. Vermehrung von Tieren ist kein Freizeitspaß, sondern eine verantwortliche Tätigkeit, die Sach- und Fachkenntnisse voraussetzt. Wer ohne Gedanken an die Zukunft eines neugeborenen Tieres gleich welcher Art nur für sich ein Plüsch-Spielzeug produzieren will, handelt gegen die Interessen des Tieres. Fragt man Kaufinteressenten für eine Eselstute danach, warum es denn unbedingt ein weibliches Tier sein soll, erhält man oft zur Antwort: „Wir wollen die Stute decken lassen, um ein kleines Fohlen großzuziehen." Was dann mit dem Fohlen geschehen soll, ist oft unklar, das Argument für eine Vermehrung ist in einem solchen Fall eigennützig und dem Tier gegenüber verantwortungslos.

Zukunft der Fohlen

Ein Esel ist ein Lebewesen, das erwachsen wird und sehr lange leben kann. Für seine Zukunft muss schon vor dem Decken einer Stute gesorgt sein. Dabei ist nicht zu vergessen, dass eine große Zahl der begehrten Fohlen männlich wird. Hengste können nur auf separaten Parzellen mit viel Raum nebeneinander gehalten werden.

Wer also schon einen Esel hat, muss daran denken, ausreichend Platz für einen Hengst zu haben oder für das Fohlen bereits vor der Geburt ein neues Zuhause parat haben. Oft werden Fohlen von Laien als Hobby produziert, bis zu einem halben Jahr oder etwas länger als Plüschtiere verschmust und dann zu einem Discountpreis rasch verschachert. Solche Billigkäufe werden oft zu spontan und unüberlegt abgeschlossen, die betroffenen Tiere haben dann meist keine gute Zukunft vor sich. Viele landen beim Schlachter, ohne dass der Hobby-Züchter davon erfährt. Das muss nicht sein.

Natürliche Vermehrung

Zwei Begriffe sind zu klären: Zucht und Vermehrung. Bei Wildtieren gibt es keine Zucht. Sie vermehren sich in freier Natur nach ihren eigenen Gesetzen. Greift der Mensch nicht durch Industrialisierung, Übersiedelung und Raubbau an den Nahrungsvorkommen ein, gibt es einen natürlichen Regelkreislauf. Überpopulationen einer Art werden ohne den Einfluss des Menschen abgebaut. Das erfolgt durch Krankheiten oder andere natürliche Dezimierung. Treten Paarungen in der Natur auf, die zu charakterlichen und/oder anatomischen Deformationen führen, sind solche Tiere nicht überlebensfähig und können ihre negativen Eigenschaften auch nicht vererben.

Zucht

Haustiere hat der Mensch vor dem natürlichen Regelkreislauf geschützt. Er vermehrt die domestizierten Tiere und ist dabei vom Bestreben geleitet, möglichst viele Exemplare am Leben zu erhalten. Das erfolgt auch mittels tiermedizinischer und anderer Eingriffe. Haustiere sollen dem Menschen dienen: als Nahrung oder als Nutztiere, zunehmend auch einfach zur Bereicherung der Freizeitgestaltung oder als Ersatz für menschliche Sozialpartner.

Junge Esel brauchen viel Platz zum Rennen.

> **Info**
>
> **Europäische Zuchtbuchorganisationen**
>
> Für Staatsbürger deutschsprachiger Staaten gibt es die Möglichkeit im weitgehend offenen Europa, sich von einer französischen, spanischen oder italienischen Zuchtbuchorganisation betreuen zu lassen und unter der staatlichen Kontrolle dieser Nachbarstaaten Eselzucht nach den vorgegebenen Standards zu betreiben.

> **Info**
>
> **Vorsicht vor falschen Bezeichnungen**
>
> Wer heute ein schwarzes Großpferd unter dem Namen Friese verkauft, obwohl das Tier nicht im Zuchtbuch für diese Pferderasse verzeichnet ist, macht sich strafbar. Wer einen Esel unter einem geschützten Rassenamen verkauft, obwohl das Tier nicht im amtlichen Zuchtbuch verzeichnet ist, macht sich ebenso strafbar. Jedermann kann aber im deutschsprachigen Raum zurzeit noch Esel unter Fantasienamen wie „Deutscher Zuchtesel" anpreisen und nach eigenem Gusto vermehren, wie er will.

Haustiere können sich nicht auf natürliche Weise vermehren, ihr Regelmechanismus ist vom Menschen gestört. Sie werden darum meist gezüchtet. Der Mensch entscheidet nach vorgegebenen Erkenntnissen der Eugenik und der Genetik, welche Eigenschaften er als wünschenswert ansieht und welche nicht. Daraus entwickelt er Standards für eine Rasse, die in einem Zuchtbuch schriftlich festgehalten werden. Die Zuchtbücher werden von tierzuchtrechtlich anerkannten Organisationen unter staatlicher Kontrolle geführt. Bestimmte fixierte Zuchtziele, die erreicht werden sollen, sind vorgegeben. Auf dem Weg dahin gibt es auch Tiere, die den Standards nicht entsprechen. Sie werden von der weiteren Zucht ausgeschlossen.

Keine Rassestandards für Esel

Im deutschsprachigen Raum gibt es keinen Rassestandard für Esel, kein Zuchtbuch, keine Zuchtbuchorganisation und dadurch keine staatliche Kontrolle. Esel werden darum bei uns nicht gezüchtet, sondern unkontrolliert vermehrt. Am meisten verbreitet ist die unkontrollierte Vermehrung durch Laien. Dies führte zu erheblichen genetischen Defekten und bietet die Möglichkeit, Esel ohne Begrenzung zu vermehren.

Einführung staatlicher Kontrollen

Tierschutzvereine sehen diese Entwicklung mit Sorge und treten dafür ein, dass die Zucht von Eseln auch im deutschsprachigen Raum staatlich unter Kontrolle gestellt wird. Administrative Vorstöße gibt es in dieser Richtung leider nicht.

Private Vereine wehren sich gegen die Einführung der Zucht und wollen die unkontrollierte Vermehrung durch private Listen, die sie ungestraft Zuchtbücher nennen dürfen, in ein besseres Licht rücken.

„Deutsche Zuchtesel"

Tierfreunde kaufen Esel nur bei anerkannten Züchtern. Das Bundesministerium für Landwirtschaft und Forsten in Bonn schreibt in einer Stellungnahme: „Für die tierzuchtrechtliche Zugehörigkeit eines Tieres zu einer bestimmten Rasse hat der Markenschutz keinen Belang." Mit der von einem deutschen Verein versuchten Eintragung des Begriffs *Deutscher Zuchtesel* als Markenzeichen für den Handel mit Eseln als Ware ist es also nicht getan. Das Ansinnen wurde verworfen.

> ## Info
>
> ### Natürliche Vermehrung oder Zucht
>
> Auch in der Schweiz und Österreich gibt es zurzeit leider keine Bestrebungen, die Eselzucht seriös einzurichten.
> In den deutschsprachigen Ländern tun sich die Gerichte wegen der unklaren Situation zum Bedauern von Tierschützern noch etwas schwer in der juristischen Unterscheidung zwischen den Begriffen Zucht und Vermehrung. Es ist generell nicht strafbar, wenn sich ein Vermehrer als Züchter bezeichnet, falls er das nicht gewerblich betreibt. Dagegen ist die sprachliche Definition eindeutig. Das Große Wörterbuch der deutschen Sprache (Duden-Verlag) schreibt verbindlich vor, Zucht sei nur die **kontrollierte** Vermehrung von Haustieren mit dem Ziel, durch Auswahl, Kreuzung und Paarung bestimmter Vertreter von Arten und Rassen mit besonderen erwünschten Merkmalen und Eigenschaften eine Verbesserung oder Verschönerung zu erreichen.

Das freie Decken ist artgerecht und lässt das natürliche Verhalten zu.

Dennoch wird in Deutschland weiterhin verbreitet, es gebe den *Deutschen Zuchtesel*. Der Versuch, die zu Recht komplizierte und aufwendige Installierung einer Eselrasse mit einem juristischen Taschenspielertrick zu umgehen, ist gescheitert. Der Verein musste deswegen eine Strafbewehrte Unterlassungserklärung im Wert von umgerechnet 5.000 € abgeben. Der Tierschutz hatte gesiegt.

Vermehrer oder Züchter

Wer sich also eine Stute unbekannter Herkunft kauft und sie von einem Hengst unbekannter Herkunft decken lässt, züchtet nicht. Er vermehrt willkürlich nach dem Prinzip Zufall.
Nur bei einem Berufszüchter kann man mit Herkunftszeugnissen ausgestattete Rasse-Esel kaufen, sieht man von den Tieren ab, die bei einem Züchter erworben und dann mit ihren Papieren weiterverkauft werden.
Im Gegensatz zu Frankreich sind die Vereine im deutschsprachigen Raum an einer Professionalisierung der Eselzucht nicht interessiert. Im Gegenteil: Sie wollen die unkontrollierte Vermehrung beibehalten und die Vermehrung von Eseln durch Laien fördern.

Stute und Fohlen müssen große Freiräume zur Entwicklung haben.

> ### Wichtig!
>
> #### Ausreichende Kenntnis
>
> Die Zucht von Eseln sollte heute selbstverständlich unter den Gesichtspunkten **naturnah** und **artgerecht** erfolgen. Jeder Eselzüchter sollte darum Sachkunde und Fachkenntnisse über die Tierart nachweisen können, die er züchten will. Dazu gehört auch die schon erwähnte Beobachtung von wilden Vorfahren oder Artgenossen in der freien Natur, mindestens aber in naturnahen Gehegen, die zum Schutz dieser Tiere eingerichtet worden sind. Notwendig ist ebenso das Studium möglichst umfangreicher Literatur über Herkunft, Abstammung, Entwicklungsgeschichte und natürliche Lebensweise von Eseln. Nur dann können möglichst tierfreundliche Bedingungen für die Zucht geschaffen werden.

Das bringt auch die Möglichkeit unseriösen Handels mit sich. In Frankreich zum Beispiel ist ein Tierzüchter leicht von einem Tierhändler zu unterscheiden. Für den Ersten ist die Landwirtschaftskammer, für den zweiten die Handelskammer zuständig. Das ergibt sich aus seiner Berufskarte, die jeder in Frankreich vorweisen muss. Zuchtbetriebe unterliegen den staatlichen Richtlinien für die Landwirtschaft. Equidenzucht wird von den Staatsgestüten kontrolliert. Es ist wünschenswert, dass die wenigen französischen, italienischen und spanischen Eselzüchter bald Konkurrenz aus dem deutschsprachigen Raum bekommen werden. Dazu müssen sich Organisationen oder Privatpersonen die Mühe machen, eine Eselrasse mit den notwendigen tierzuchtrechtlichen Voraussetzungen zu begründen. Das erfordert allerdings jahrelange Vorarbeit, die in Frankreich, Italien und Spanien Esel-Liebhaber zum Schutz dieser Tierart gerne auf sich genommen haben.

Organisation des Zuchtbetriebes

Zur Einrichtung einer Eselzucht reicht es nicht, sich ein männliches und ein weibliches Tier zuzulegen und diese miteinander herumlaufen zu lassen. Schon die Auswahl der Elterntiere kann eine Zucht positiv oder negativ für Jahrzehnte beeinflussen. Der Beginn einer Eselzucht sollte immer mit kontrolliert gezüchteten Eseln begonnen werden. Die Organisation des Zuchtbetriebes muss den allgemeinen Richtlinien für die Haltung von Eseln entsprechen und darüber hinaus weitere Möglichkeiten bieten.

In einigen Fällen sind männliche und weibliche Tiere getrennt voneinander zu halten. Bei unvorhergesehenen Verletzungen und Krankheiten, zu erwartenden schwereren Geburten und ähnlichen

Problemen müssen kleine, zusätzlich von allen anderen Tieren zu separierende Parzellen zur Verfügung stehen. Hengste müssen in einem ständig ihnen gehörenden eigenen Territorium gehalten werden können, Stutengruppen mit Fohlen im Wechselweidebetrieb auf mehreren verschiedenen Parzellen.

Der Tragerhytmus sollte zwei Jahre betragen. Das bedeutet: Einem Hengst werden im ersten Jahr alle die Stuten beigesellt, die dazu auserwählt wurden, Nachkommen zur Welt zu bringen. Nur gesunde Stuten einwandfreier Herkunft ohne genetische Schäden wie zum Beispiel Rückgratverkrümmungen oder Hufdeformationen dürfen zur Zucht eingesetzt werden.

Natürliche Fortpflanzung

Der Hengst lebt vom Frühjahr bis in den Spätherbst mit diesen Stuten frei auf einer großen Parzelle, seinem Territorium, zusammen. Die Stuten werden sich dabei von dem männlichen Tier meist absondern, ihn sogar durch kleine Aggressionen zurückweisen, selbst wenn sie empfängnisbereit, also rossig, sind. Erst nach einigen Vorspielen und vielen vergeblichen Versuchen wird ein Hengst bewirken, dass eine Eselstute stehen bleibt und sich decken lässt. Dieser Prozess wiederholt sich mehrfach täglich über den Zeitraum von einigen Tagen hinweg. Manche Stuten nehmen nur nachts auf, man weiß bis heute nicht, warum.

Decken an der Hand

Das „Decken an der Hand" ist eine alte Methode, die ein Tierfreund ablehnt. Dazu wird ein Hengst getrennt von den Stuten gehalten, nicht selten in einer Box. Wenn eine Stute rossig ist, wird sie in ein besonderes Areal oder einen speziellen Raum geführt und dort

Ihr Sexualverhalten müssen Esel frei ausleben dürfen, ohne menschlichen Zwang.

> **Info**
>
> **Decken an der Hand**
>
> *Alle Lebewesen, auch Equiden, haben ihre eigenen sozialen Verhaltensweisen. Das gilt auch für das Fortpflanzungsverhalten. Der Mensch sollte hier so wenig wie möglich eingreifen. Nach aller Erfahrung dient das übrigens auch der Rentabilität, weil die Nachkommen meist harmonischer und charakterlich angenehmer sind als am Fließband produzierte Tiere, und dadurch einen höheren Kaufpreis erbringen. Wenn der Hengst in der Herde steht und frei decken darf, geschieht das auf natürliche Weise und bedeutet letztendlich weniger Arbeit für den Halter.*

nicht selten von mehreren kräftigen Personen an einem Gestell gefesselt. Der Hengst wird dann von anderen Helfern und einem Hengstführer zur Stute geführt und soll sie in Sekundenbruchteilen bespringen und befruchten. Sofort nach der Ejakulation wird der Hengst von der Stute heruntergerissen und wieder separiert. Dieser „Sprung an der Hand" wird in vielen Abwandlungen und milderen Formen durchgeführt. Immer muss der Hengst eine rossige Stute in kurzer Zeit besteigen und befruchten, für ein soziales Leben miteinander wird keine Gelegenheit geboten. Hengste, die eine solche mechanische Leistung nicht auf Befehl und sofort abliefern, gelten als schlechte Hengste. Solche Zucht oder Vermehrung degradiert die Tiere beiderlei Geschlechts zu Produktionsmaschinen. Die Rentabilität ist der Antrieb für solche Züchter, der Tierschutz wird zurückgestellt.

Künstliche Befruchtung

Das Gleiche gilt für künstliche Befruchtung, Embryotransfer und andere Manipulationen. Sie nehmen den Tieren ebenfalls den größten Teil ihrer Möglichkeit zur sozialen Lebensführung und degradieren die Stuten zu Gebärmaschinen. Bei der Massenzucht von Rindern, Schweinen und anderen Fleischtieren des Menschen ist das schon umstritten, bei Equiden haben solche künstlichen Zuchtmethoden nichts zu suchen.

Hat die Natur entschieden, dass eine Stute nicht trächtig wird, ein Hengst sich nicht fortpflanzen kann, gibt es dafür immer einen triftigen Grund, auch wenn wir Menschen nicht dazu in der Lage sind, ihn sofort zu erkennen. Alle künstlichen Methoden, eine Fortpflanzung zu erzwingen, werden nur schlechte „Produkte" hervorbringen können, die ein verantwortungsbewusster Züchter ablehnt und ein Kaufinteressent nicht annehmen sollte.

Scheinbare Unfruchtbarkeit

Eselhengste sind standorttreu. Das kann dazu führen, dass nach einem Besitzerwechsel ein Eselhengst über einen langen Zeitraum unfruchtbar erscheint. Er muss sich an die neue Umgebung gewöhnen, sie als sein neues Territorium akzeptieren lernen, markieren und sich somit zu eigen machen. Dieser Prozess kann unter Umständen mehrere Jahre dauern.

Nach eigener Erfahrung benötigte ein Poitou-Esel-Hengst, der als unfruchtbar galt, eine Eingewöhnungszeit von vier Jahren, bis er

Nachkommen erzeugen konnte. Heute „produziert" er zu hundert Prozent! Ohne die erforderliche Geduld wäre ein solcher Hengst entweder kastriert oder geschlachtet worden, da man ihn als unnütz angesehen hätte.

Es gibt auch Stuten, die über einen längeren Zeitraum nicht aufnehmen, um dann doch noch beste Mütter hervorragender, ausgeglichener und anatomisch perfekter Fohlen zu werden. Oft handelt es sich um Eselinnen, die bei Vorbesitzern jedes Jahr „an der Hand" gedeckt worden sind. Sie benötigen eine nicht selten mehrere Jahre dauernde Ruhephase, da sie als Gebärmaschine überstrapaziert worden sind und den tief sitzenden Schock jährlich wiederkehrender Vergewaltigungen zu verarbeiten haben.

Genügend große Pausen zwischen den Deckungen

Vergleiche von Eselzuchten, die auf althergebrachte Weise geführt werden, wo also die Stuten jedes Jahr vom Hengst belegt werden und modern sowie tierfreundlich geführten Zuchten, in denen Stuten nur alle zwei Jahre belegt werden, haben gezeigt, dass statistisch die Erfolgsquote und damit die Anzahl der zum Verkauf stehenden Fohlen bei den tierfreundlich geführten Zuchten größer ist! Auch hier gilt: Wer schon nicht an den Tierschutz denkt, mag wenigstens aus Rentabilitätsgründen seinen Stuten Ruhepausen gönnen. Weniger Totgeburten, Aborte und leer bleibende Stuten werden die Folge sein. Das dient automatisch auch dem Tierschutz.

> **Wichtig!**
>
> *Künstliche Befruchtung*
>
> *Künstliche Befruchtung hat bei Eseln übrigens so gut wie noch nie funktioniert. Seit zig Jahren versuchen tiermedizinische Labors in Forschungsabteilungen von Universitäten den Grund dafür herauszufinden – ohne Erfolg. Nur an einer Hand kann man die lebend geborenen Eselfohlen abzählen, die es nach einer künstlichen Befruchtung gegeben hat. Esel sind vermutlich einfach der Natur noch sehr verwachsen und reagieren auf alle Eingriffe des Menschen sehr empfindsam. Auch Embryotransfer, hormonelle Manipulationen und andere Eingriffe waren fast vollständig erfolglos.*

> **Info**
>
> *Verzicht auf Vermehrung*
>
> *Bei einer frei lebenden Hengst-Stuten-Herde kann es vor allem im Frühjahr zu recht aggressiv anmutenden Verfolgungsspielen und für uns Menschen gelegentlich gefährlich aussehenden Beißereien kommen. Die Ursache dafür liegt darin, dass wir in Gefangenschaft einem Eselhengst nicht die Größe des ihm in der Natur zustehenden Territoriums gewähren können. Die bei der beschriebenen Aggressivität auftretenden kleinen Verletzungen muss jeder hinnehmen, der Esel als Haustiere züchten will. Die Alternative dazu sind nicht Boxenhaltung und „Sprung an der Hand", sondern der Verzicht auf die Vermehrung.*

Wichtig!

Trächtige Stuten separieren

Leider lassen sich Eselstuten in Gefangenschaft von Hengsten noch bis wenige Wochen vor der Geburt eines Fohlens decken, selbst wenn sie seit Monaten trächtig sind. Das Einführen des Gliedes in die Scheide kann zu Reizungen oder gar Verletzungen des Muttermundes führen. Das kann einen Abort verursachen. Darum sind trächtige Eselstuten einige Monate vor der Geburt vom Hengst zu separieren.

Zyklus der Eselstuten

Hormongaben, die in der Pferdezucht weit verbreitet sind, um die Zyklen der Stuten dem Produktionsablauf einer Zuchtstation angepasst regulieren zu können, haben bei Eseln oft einen negativen Effekt: Das Tier wird mindestens ein Jahr lang nicht trächtig, im schlimmsten Fall bleibt es sein Leben lang unfruchtbar.

Weitere Störungen für trächtige Stuten können sogar schon durch militärische Tiefflieger verursacht werden. Es hat mehrfach Totgeburten nach solchen infernalisch lauten Flügen bei Eselstuten gegeben. Offenbar schützen Esel sich durch rasche Aborte in der Natur auch vor Angreifern. Das Gebiet ist noch nicht ausreichend erforscht. Zebrastuten überlassen einen Abort zum Beispiel angreifenden hungrigen Räubern, die Gruppe weiß sich dann sicher und grast ruhig weiter.

Trächtigkeit und Tragezeit

Eselstuten zeigen Züchtern nur schlecht an, ob sie trächtig sind oder nicht. Die meisten bekommen ihre Rosse auch dann noch, wenn sie schon befruchtet sind. Am Bauchumfang lässt sich die Trächtigkeit leider erst gegen Ende der Tragezeit feststellen. Künstliche Eingriffe wie die rektale Ultraschalluntersuchung können einen Abort provozieren. So bleibt dem Züchter nur, zu warten und seine Tiere gut zu beobachten. Eselstuten sind wie alle anderen Esel sehr individuell veranlagt, einige tragen länger, andere kürzer. Die Tragezeit kann sogar bei derselben Stute von einem Jahr zum anderen sehr unterschiedlich sein. Man sagt, Eselstuten tragen zehn bis vierzehn Monate. Es gibt bis heute keine definitiven Ergebnisse von Forschungen darüber, welche Ursache dieser unregelmäßige Rhythmus hat, man vermutet, dass die Umgebung, also Wetter, Nahrungsqualität und -angebot eine Rolle spielen. Es ist bislang noch nicht gelungen, Eselstuten in einen festen Zeitraum der Trächtigkeit einzubinden.

Dieses Poitou-Hengstfohlen übt sich im Flehmen, dem Wittern nach den Eltern.

Eine Gruppe von „Tanten" auf der Weide. Die waagerechte Stellung der Ohren des Tieres links kann ein genetischer Defekt sein.

Die Geburt

Die Geburt von Eselfohlen verläuft natürlich und ohne fremde Hilfe. Zeigt sich, dass eine Stute anatomische Probleme hat, ein Fohlen zur Welt zu bringen, hat es keinen Sinn, ihr mit allen Mitteln zu helfen, um sie dann im nächsten Jahr wieder zu decken. Die Entscheidung der Natur sollte man respektieren und diese Stute nicht mehr zum Hengst lassen, auch dann, wenn es gelingen sollte, das Fohlen am Leben zu erhalten.

Eine hochträchtige Stute zieht sich von ihrer Gruppe zurück, die bevorstehende Geburt ist meist daran gut zu erkennen, dass sich an den Zitzenenden des Euters, das bereits prall mit Milch gefüllt ist, Wachspfropfen gebildet haben, die den Ausfluss von Milch bis zur Geburt verhindern.

Zur Geburt legen sich die Stuten meist hin, betrachten ihren Bauch und beginnen zu stöhnen wie bei einer Kolik. Der Vaginalbereich erscheint weich und leicht geöffnet, es geht erste Flüssigkeit ab. Die Stuten sind nervös, stehen auf, legen sich wieder hin, beginnen bei den Wehen zu pressen. Dazu benötigen sie im Regelfall weder menschliche noch tierärztliche Hilfe. Der Geburtsvorgang ist meist nach einer Viertel- bis einer halben Stunde beendet.

Info

Esel sind fast immer Zwillinge

Esel sind fast immer Zwillinge. Geboren wird allerdings fast immer nur ein Tier. Bei Equiden werden in der Regel zwei Eier befruchtet. Die Natur entscheidet in den ersten Wochen, welches überlebt und welches abgestoßen wird. Überleben im Leib der Stute ausnahmsweise einmal beide befruchtete Föten, wird es meist totgeborene Zwillinge geben. Sensationell selten werden Pferde-, Zebra- oder Eselzwillinge gesund zur Welt gebracht. In den meisten Fällen stirbt ein Zwilling in den ersten Wochen nach der Geburt.

> **Info**
>
> **Erstgebärende Stuten**
> Erstgebärende Stuten bilden oft erst Milch im Euter, wenn das Fohlen bereits geboren ist oder kurz davor.

In der geweiteten Vagina erscheint zunächst ein mit durchsichtiger feuchter Haut umhülltes Bein mit einem gelblich weißen gummiartigen Schutz um den kleinen Huf, dann ein zweiter Fuß und schließlich das Maul, dem der Kopf mit den Ohren folgt. Nach Austritt dieser Körperteile des Fohlens legen die meisten Stuten eine Pause ein. Danach ist die breite Fohlenschulter durch den Geburtskanal zu pressen. Das erfolgt mit einem Ruck, der Leib folgt sofort und bleibt dann an der Hüfte des Fohlens hängen. Bei einer weiteren Wehe wird auch dieses breite Körperstück herausgepresst und das Fohlen rutscht ganz aus seiner Mutter heraus.

Das Fohlen ist da

Fruchtwasser, vermischt mit Blut wird abgegangen sein, die Fruchthülle umgibt vielleicht noch das Fohlen, wenn es bereits auf der Welt ist. In sehr wenigen Fällen kann es dazu kommen, dass ein Fohlen erstickt, wenn die Fruchthülle seine Nüstern umschließt. Im Regelfall reißt die Hülle auf und gibt dem Neugeborenen die Möglichkeit, erstmals Sauerstoff einzuatmen. Im Zweifelsfall darf der Mensch die Hülle aufreißen, um das zu erleichtern. In jedem Fall sollte man aber erst einmal abwarten, ob die Natur das nicht selbst regelt, allerdings sollte man auch nicht zu lange warten. Falls man eingreift, muss man sich sofort nach dem Aufreißen der Fruchthülle entfernen, damit die Stute Zugang zu dem Neugeborenen hat.

> **Info**
>
> **Eselgeburten**
> Bei Eselfohlen gibt es mehr als siebzig Normal-Lagen in der Gebärmutter. Sollten die Körperteile nicht wie hier beschrieben erscheinen, ist das nicht zwingend ein Grund zur Sorge, kann es aber sein. Bei Geburten ist das Hinzuziehen eines Tierarztes nach Erkennen einer für Fohlen oder Stute gefährlichen Lage oft bereits zu spät, weil die Anfahrtwege der Tierärzte zu lang sind. Man kann sich nur auf die (sehr kostspielige) Weise davor schützen, dass man generell den Tierarzt ruft, wenn eine Geburt beginnt. Die meisten Tierärzte werden allerdings nicht bereit sein, bei jeder Geburt anwesend zu sein. Im Regelfall verläuft eine Eselgeburt beruhigenderweise natürlich und ohne Komplikationen.

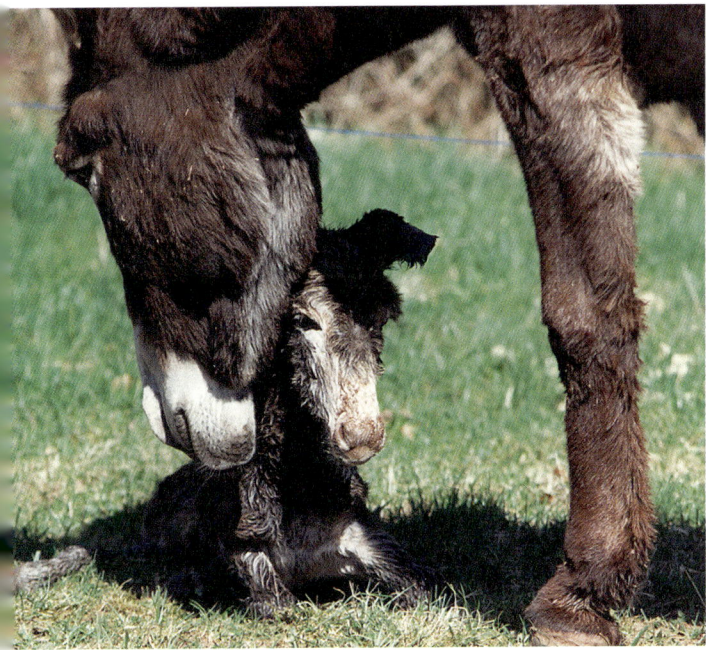

Ein Poitoufohlen wurde auf der Weide geboren, die Nabelschnur ist gerade abgerissen.

Die Nabelschnur/Abnabelung

Mutter und Fohlen sind zunächst noch durch die Nabelschnur verbunden. Eine charakterlich einwandfreie Stute wird nach kurzer Ruhe aufstehen, ihr Fohlen beriechen, belecken, trocknen und es ganz von der Hülle befreien. Beim Umherlaufen kann sie auf die Nabelschnur treten oder sich so weit vom Neugeborenen entfernen, dass diese vor Spannung an einer natürlich vorhandenen Soll-Bruchstelle zerreißt.

Der Mensch sollte die Nabelschnur niemals eigenmächtig trennen. Solange Mutter und Fohlen noch miteinander verbunden sind, wird das Neugeborene in der Regel noch mit Blut versorgt. Die Natur entscheidet über den Zeitpunkt des Abnabelns. Danach ist das Eselfohlen ein eigenständiges Lebewesen. Es wird Kälte empfinden, Lärm, grelles Licht – also krasse Gegensätze zu dem schützenden warmen, feuchten und gedämpften Raum im Bauch der Mutter. Daran sollte man denken, wenn man eine Geburt verfolgt. Die Natur hat ein Fohlen ja genetisch nicht darauf vorbereitet, sich an Menschen zu ewöhnen. Erst einmal müssen Stute und Fohlen lange Zeit für sich haben.

Wichtig!

Für Ruhe sorgen

Die Geburt eines Eselfohlens ist ein natürlicher Vorgang, dem man mit Respekt und Würde begegnen soll. Selbstverständlich sollten keine aufgeregten Kinder umherrennen oder das Fohlen berühren. Die Stute muss mit ihrem Neugeborenen in Abgeschiedenheit und Ruhe Kontakt aufnehmen können. Nur dann wird sie es als ihr Kind akzeptieren und leicht Milch trinken lassen. Videokameras und Blitzlichter von Fotoapparaten haben dabei nichts zu suchen.

Info

Schiefe Beine?

Keine Angst! Manche Fohlen sehen so aus, als seien sie völlig verkrüppelt. Schiefe Beine und Gelenke werden nach und nach in fast allen Fällen von selbst gerade. Das kann im Extremfall allerdings Monate dauern, in denen man das Fohlen selbstverständlich nicht belasten darf und die Stute besonders mit Mineralstoffen zu versorgen ist. Bei einigen kleinen Krüppelfohlen kann es notwendig sein, Calciumgaben zu verabreichen. Das muss ein Tierarzt entscheiden.

Die ersten Schritte

Ist alles normal verlaufen, wird das wackelige Fohlen versuchen, auf seine immer noch mit gummiartigen Schutz-Sohlen versehenen Hufe zu kommen. Das wird ihm nicht gelingen. Das Eselfohlen wird erbärmlich aussehen, noch feucht, vielleicht mit geknickten Ohren, zerknittert, mit krummen Beinen, die einknicken. Dabei fällt es immer wieder auf seinen Brustkorb. Das ist wichtig! Dadurch können sich die Lungen entfalten und daran gewöhnen, Sauerstoff aufzunehmen. Nach vielen Versuchen wird das Fohlen endlich staksig auf seinen vier wackeligen Beinen stehen bleiben, wanken, stolpern, stehen bleiben und wieder wanken. Ein gesundes Fohlen fängt dann sofort an, nach Milch zu suchen.

Hilfe beim Trinken

Wo die Milch zu finden ist, hat das Fohlen genetisch nicht mitbekommen. Es muss selbst suchen und finden. Erstaunlicherweise suchen die Eselfohlen fast immer zunächst am falschen Körperende der Mutter, zwischen den Vorderbeinen. Man ist versucht, den Weg zu weisen, sollte das aber erst einmal lassen, denn das Fohlen muss selbstständig den Platz suchen, an dem die Milch der Mutter gesaugt werden kann, damit es den Weg dorthin immer wieder finden kann.

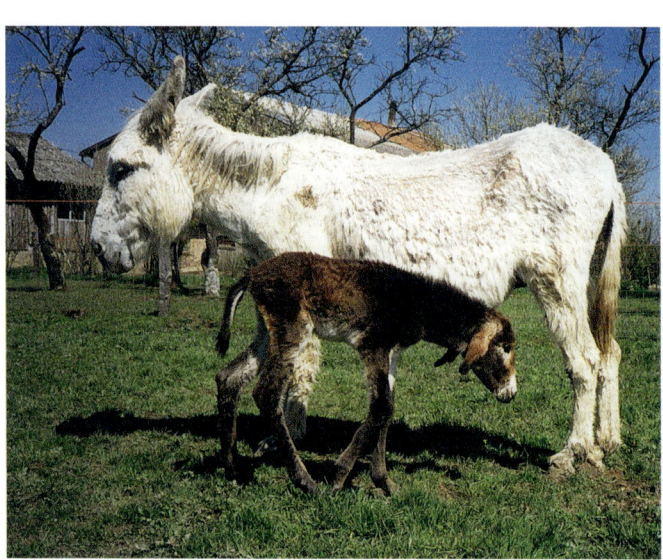

Das schwache Neugeborene sucht verzweifelt nach dem Euter. Die Stute scheint nicht sehr hilfreich, der Specknacken deutet auf Überfütterung hin.

Zucht und Rassen

Diese erfahrene Poitou-Stute verhält sich vorbildlich: Sie hat die Hinterbeine etwas zurückgesetzt, damit das Fohlen leicht trinken kann.

Menschen, die die verzweifelten Versuche, das Euter zu finden, beobachten, neigen dazu, einzuspringen. Es gibt Ratschläge, dem Fohlen spätestens nach zwei Stunden zu helfen.

Es gibt viele Methoden, wie man Fohlen den richtigen Platz zum Trinken weisen kann. Immer sollte man bedenken, dass Druck automatisch Gegendruck erzeugt. So ist es besser, unter dem Bauch der Mutter hindurchzugreifen, wenn das Fohlen auf der anderen Seite steht und eine Zitze des Euters dem Fohlenmaul durch Umbiegen anzunähern, vielleicht durch Druck die süßliche Milch abzumelken, um dem Fohlen den ersten Geschmack geben zu können, der es bei späteren Versuchen lenken wird. Das Heranschieben eines Fohlenkopfes ans Euter ist meist wirkungslos, da das Fohlen mit Gegendruck reagieren wird, sich also vom Euter wegbewegt.

Check: Nachgeburt

- [ ] Hat sich die Nachgeburt gelöst?
- [ ] Falls die Stute bereits abgerissene Nabelschnur hinterherschleift, niemals daran ziehen.
- [ ] Löst sich die Nachgeburt nicht, sofort Tierarzt rufen.

Info

Aggressionen gegen Fohlen

Es gibt Stuten, die zunächst ihre Fohlen abdrängen. Das gilt vor allem für Erstgebärende. Charakterlich nicht einwandfreie Eselstuten lehnen ihre Fohlen ab, werden aggressiv. Das kann gefährlich für die Kleinen werden. Hier scheint die Natur sich noch nach der Geburt gegen eine Vermehrung zu wehren. In der Freiheit würde ein solches Fohlen zu Recht nicht überleben, weil es sich nicht fortpflanzen soll. In Gefangenschaft hat ein Mensch die Verantwortung für dieses Fohlen übernommen und muss dann eingreifen.

Info

Kolostralmilch-Bank
Für verwaiste Eselfohlen gibt es in Australien und den USA sowie bei Berufszüchtern eine Kolostralmilch-Bank, bei der man tiefgefrorene Eselsmilch bekommen kann. Da die Entfernung aber meist zu groß ist, muss man sich mit dem Abmelken der toten Stute begnügen oder einen Ersatz für Eselmilch anbieten. Das erfolgt in auch für Menschenkinder gebräuchlichen Babyflaschen.

Tod der Stute

Sollte eine Stute bei der Geburt sterben, ist es noch eine Zeit lang möglich, ihr die Kolostralmilch abzumelken und sie rasch aufzufangen, am besten sofort einzufrieren. Das Melken sollte jeder Eselzüchter erlernt haben. Das kann unter Umständen das Leben eines Eselfohlens retten. Solche dramatischen Aktionen sind aber glücklicherweise nur äußerst selten notwendig.

Aufzucht von Hand

Bei der künstlichen Aufzucht ist das Fohlen ständig daraufhin zu kontrollieren, ob es die Mischung verträgt. Sobald sich Durchfall oder Verstopfung zeigen, ist sofort der Tierarzt zu rufen. Sind die ersten zwei Wochen überstanden, besteht Hoffnung darauf, dass das Tier überlebt.

Die ersten Tage

Saugt ein Fohlen zufriedenstellend, also etwa alle fünfzehn Minuten, dann ist der erste Schritt in sein eigenständiges Leben getan. Gesunde Tiere werden schon nach wenigen Tagen herumtollen und

Das Hauseselfohlen steht schon gut da nach einigen Tagen auf dieser Welt.

Tipp

Aufzuchtmilch und Fütterungszeiten

Am besten bewährt hat sich die folgende Mischung von künstlicher Fohlenaufzuchtmilch zu den beschriebenen Fütterungszeiten: 100 g Ziegenmilch, 50 g kochendes Wasser, 1 Teelöffel Glukose. Vom ersten bis zum achten Lebenstag jeweils zu folgenden Tageszeiten:
6^{00} Uhr
9^{00} Uhr
15^{00} Uhr
18^{00} Uhr
21^{00} Uhr.
150 g Ziegenmilch, 50 g kochendes Wasser, 1 Teelöffel Glukose. Vom neunten bis vierzehnten Lebenstag jeweils zu den folgenden Tageszeiten: alle drei Stunden Tag und Nacht.

Eine weitere Art, dem Fohlen die Zitzen zu präsentieren: Nur ein Bein wird zurückgestellt. So kann das Fohlen die Milchquelle gut erreichen.

ihre Mutter mit Aufforderungen zum Spielen nerven, auf ihr herumklettern und sie anstupsen. In dieser Phase reagieren einige Eselstuten energisch und aus der Sicht eines Menschen gelegentlich recht rabiat. Das ist die erste Phase der naturgerechten Eselerziehung! Man sollte sie der Mutter überlassen und möglichst nicht eingreifen.

Die richtige Ernährung der Eselstute

In gesundheitlicher Hinsicht muss ein neugeborenes Fohlen besonders sorgfältig von Giftpflanzen ferngehalten werden, auf die jetzt notwendige kräftige Ernährung der Mutter ist zu achten. Fohlen bekommen durch Weide- und Futterwechsel der Mutter, aber auch durch hormonelle Veränderungen in deren Körper leicht Durchfälle. Man muss einige Erfahrung haben, um den dünnflüssigeren Kot eines Milch trinkenden Eselfohlens von einem Durchfall unterscheiden zu können. Sofort nach der Geburt ist zu kontrollieren, ob das Darmpech abgegangen ist, der erste Kot, den ein Fohlen von sich gibt, schwärzlich und eher fest. Erfolgt das nicht, besteht die Gefahr von Verstopfung. Verstopfungen und Durchfälle sind immer als ernst zu nehmende Zeichen von Erkrankungen anzusehen. Verschwindet ein Durchfall noch am selben, spätestens am zweiten Tag, ist wahrscheinlich alles in Ordnung, hält er an, ist sofort der Tierarzt zu rufen. Eselfohlen haben noch keine Reserven und ausreichende Abwehrstoffe, um mit den Krankheiten allein fertig zu werden.

Info

Aufzucht von Hand

Handelsübliche Aufzuchts-Trockenmilch verursacht oft sofort Durchfälle bei Eselfohlen, nach denen sie rasch sterben. Darum wird davon dringend abgeraten. Einerseits kann man glücklicherweise davon berichten, dass Madame Patrault, die erfahrene Frau eines südfranzösischen Eselzüchters, in ihrem Leben bereits zig verwaiste Eselfohlen mit der Flasche großgezogen hat, andererseits gehört dazu viel Einfühlungsvermögen, Erfahrung und ein immenser Zeitaufwand über viele Monate hinweg.

Wichtig!

Abmelken der Eselsmilch für menschliche Zwecke

Das Abmelken von Eselsmilch für kosmetische oder angebliche alternative Heilzwecke für den Menschen ist strikt abzulehnen. Eselsmilch gehört den Eseln. Wir Menschen haben genügend andere Mittel und Produkte.

Poitouesel-„Tanten" kümmern sich um verschieden alte Fohlen auf freier Weide.

Trennung von Stute und Fohlen

Die Mutterstute sollte mit ihrem Fohlen bald zur Gruppe der „Tanten" mit deren Fohlen kommen, damit der kleine Esel weiter lernen kann. Nach etwa sechs bis spätestens neun Monaten sind Mutter und Fohlen zu trennen. In der Natur erfolgt das meist durch den beschriebenen Partnerinnenwechsel zwischen zwei sich begegnenden Stutengruppen. Selbst bei großzügigem Platzangebot können in Zuchtanlagen Stutengruppen nicht so natürlich leben. Darum muss der Mensch die Trennung vornehmen.

Eselfohlen können sonst ihre Mütter körperlich so stark auszehren, dass diese sich nicht mehr von allein erheben können, selbst wenn man sie mit Kraftfutter vollstopft. Außerdem hat das zu lange Milchtrinken und die damit verbundene direkte körperliche Abhängigkeit von der Mutter bei Eselfohlen eine eher negative Auswirkung auf den Charakter.

Rückbildung des Euters

Die Milchbildung im Euter muss gleichmäßig auf beiden Seiten zurückgehen. Erfolgt das nicht, besteht die Gefahr einer Mammitis, die ärztlich sofort behandelt werden muss, wenn Lebensgefahr für die Stute abgewendet werden soll. Die Stute, die nun keine Milch mehr produzieren muss, ist langsam auf eine normale Fütterung umzustellen.

Info

Absetzen der Fohlen

Fohlen müssen rasch in der Gemeinschaft mit „Tanten" und anderen Fohlen lernen, selbstständig zu werden. Das Absetzen von der Mutter ist bei gesunden und charakterlich unverbildeten Tieren ein Akt, der im Regelfall nur wenige Tage Wehklagen verursacht.

Sie hat nach Geburt und Laktation eine Ruhepause bis zum folgenden Jahr verdient, in dem sie wieder vom Hengst gedeckt werden kann. Nur dann können sich durch Trächtigkeit und Laktation natürlich ergebende Verformungen von Bindegewebe, Muskulatur und Sehnen in Ruhe wieder zurückbilden und die Stute wird auch psychisch nicht als Gebärmaschine überfordert.

Elektronischer Chip beim Fohlen

Für das neugeborene Fohlen sind seitens eines Züchters auch formelle Arbeiten zu erledigen. Er muss es von einem dafür zugelassenen Tierarzt unter der Mutter verwechslungsfrei identifizieren und markieren lassen. Das erfolgt fast schmerzlos mittels einer Injektion eines elektronischen Chips unter die Haut, der eine Kennziffer für die jeweilige Rasse enthält. Mit einem speziellen Lesegerät wird dieser Chip aktiviert, man kann von nun an die Identität des Tieres feststellen. Das Herkunftszeugnis und ein Gesundheitsbuch müssen für das Eselfohlen angelegt werden, die Geburt ist beim staatlichen Equidenregister anzuzeigen, eine Beschreibung des Fohlens ist abzuliefern.

Info

Identitätsnachweise

Bei von Laien unkontrolliert vermehrten Tieren entfallen solche Arbeiten, für diese Tiere gibt es dann aber auch keine Identitätsnachweise.

Unter den Eselfohlen gibt es keine Rassegrenzen beim Rennen, Grasen und spielerischen Kämpfen.

Eselrassen und -arten

Als Rasse bezeichnet man diejenigen Exemplare einer Haustierart, die sich durch bestimmte gemeinsame Merkmale von anderen unterscheiden.

Ein Rassetier bedingt die Zucht durch den Menschen. Dazu muss ein Zuchtbuch bestehen, in dem die Anforderungen an die Rasse verbindlich festgeschrieben sind. Nur Tiere, die diesen Standard erfüllen, werden ins Zuchtbuch aufgenommen und dürfen den geschützten Namen der Rasse tragen. Geführt werden die Zuchtbücher unter staatlicher Kontrolle von tierzuchtrechtlich anerkannten Züchterorganisationen.

Info

Zuchtbuch

In manchen Staaten, so auch in Deutschland, ist es nicht strafbar, wenn Privatleute oder Vereine für nicht anerkannte Tierarten Listen auch unter dem irreführenden Namen Zuchtbuch führen. In anderen Staaten darf der Begriff Zuchtbuch nur für staatlich anerkannte Genealogie-Verzeichnisse verwendet werden.

Staatlicher Schutz von Rassetieren

Der staatliche Schutz von Rassetieren soll Käufer vor Betrug schützen und der Eugenik dienen. Letzteres soll die Vererbung unerwünschter Eigenschaften verhindern und die Tiere vor körperlichen und charakterlichen Deformationen bewahren. Werden Tiere von Laien unkontrolliert vermehrt, besteht diese Gefahr.

Sind Tiere nicht durch ein Zuchtbuch geschützt, können sie zudem wie Modeartikel von jedermann vermehrt und verschachert werden. Deutsche Tierschutzvereine haben das Problem erkannt und sehen das zunehmende Interesse am Haustier Esel darum mit Sorge. Sie setzen sich für eine staatliche Kontrolle der Eselzucht auch in Deutschland ein. Dem kann nur beigepflichtet werden!

Einrichtung eines Zuchtbuches

Derzeitige Besitzer unkontrolliert vermehrter Esel scheuen zudem die Einrichtung von Zuchtbüchern, da sie befürchten, gerade ihr Esel werde den betreffenden Standard nicht erfüllen. Bewusst oder leichtfertig nehmen sie meist durch Inzucht bedingte genetische Deformationen in Kauf und vermehren Esel nach dem Prinzip Zufall. Die meisten Händler und vor allem Importeure von Eseln haben kein Interesse an der Einrichtung eines Zuchtbuches. Oft werden im Gegenteil Esel, die meist in osteuropäischen Staaten nicht selten unter dem Fleischpreis gekauft und in Massentransporten nicht immer legal eingeführt wurden, einzeln auf Weiden als Privat-Tiere getarnt, um zu Discountpreisen verschachert zu werden. Diese abscheuliche Praxis ist möglich, solange es keine staatlichen Herkunftszeugnisse für Esel im deutschsprachigen Raum gibt.

Bezeichnungen für Esel

Alle Esel, die nicht zu einer Rasse gehören, dürfen nur den einfachen Namen „Esel" oder „Hausesel" (Equus asinus asinus) tragen. Zur Erhöhung von Verkaufspreisen versuchen Händler, Vermehrer und Vereine, Esel mit Etikettenschwindel unter Fantasienamen anzupreisen.

Um Kaufinteressenten davor in Zukunft etwas besser zu schützen, sollen in der folgenden Liste die heute existierenden Eselrassen ebenso beschrieben werden wie die Arten, für die zurzeit an der Wiedereinrichtung eines Zuchtbuches aus älterer Zeit gearbeitet wird.

In einem zweiten Abschnitt sollen Etiketten-Namen für Esel aufgeführt werden, die von Vermehrern meist zur Täuschung von Kaufinteressenten eingesetzt werden.

Der dritte Abschnitt führt die Wildesel auf, die leider zum größten Teil ausgestorben sind. Die Wildform von Tieren wird nach den derzeit international geltenden zoologischen Richtlinien geordnet: Familie, Gattung, Untergattung, Art und Unterart, die noch in regional unterschiedliche Formen verzweigt sein kann.

> ### Info
>
> **Annerkennung der Zucht von Eseln in Deutschland**
>
> *In Deutschland, der Schweiz und Österreich ist der Esel im Gegensatz zu Frankreich, Spanien und Italien juristisch fast vogelfrei. Jeder Laie darf unkontrolliert Esel vermehren und verkaufen, allerdings nicht unter einem geschützten Rassenamen. Die Zucht von Eseln ist im deutschsprachigen Raum nicht anerkannt. Es gibt allerdings keine Bestrebungen, eine tierzuchtrechtlich anerkannte Organisation für Esel zu gründen und ein Zuchtbuch zu eröffnen. Die Gründe dafür sind vielfältig. Zu Recht erfordert es einen hohen Zeitaufwand und die Überwindung vieler administrativer Hürden, eine neue Tierrasse ins Leben zu rufen. Diese Arbeit haben im deutschsprachigen Raum bislang weder eine Privatperson noch ein Verein begonnen.*

Poitou-Zuchthengst „Asterix" genoss es sichtlich, auch im Winter draußen zu sein. Die fehlenden Langhaare an den Fesseln bezeugen frühere Stallhaltung.

Eselrassen

Baudet du Poitou (BDP oder: Poitou-Esel)

Er gilt als der größte Esel der Welt und der „Adlige" dieser Haustierart. Der Poitou-Esel hat das am längsten bestehende Zuchtbuch aller Esel. Es wird seit 1884 durchgehend geführt und kontrolliert. Heute ist die Rasse leider trotz internationaler Rettungsprogramme immer noch vom Aussterben bedroht und auch darum gesetzlich weltweit streng geschützt.

Das Zuchtbuch des Baudet du Poitou

Das Zuchtbuch ist in zwei Bücher geteilt: Im A-Buch werden nur reinblütige Tiere aufgelistet, die als Kurzbezeichnung die Buchstabenkombination SBDPA erhalten. Im B-Buch erscheinen alle nicht reinrassigen Poitou-Esel mit dem Kürzel SBDPB, die zur Zucht zugelassen sind.

Das Zuchtbuch enthält die Namen derjenigen A-Buch-Hengste, die vom französischen Landwirtschaftsministerium und seinen Unterorganisationen (regionale Staatsgestüte, „Haras" genannt) die staatliche Genehmigung als Deckhengste für die Rasse BDP erhalten haben. Außerdem enthält das Zuchtbuch ein Verzeichnis der Namen und Kurzbeschreibungen der A-Buch-Stuten sowie der B-Buch-Stuten mit ihren Fohlen und eine Liste der anerkannten Züchter für die Rasse Baudet du Poitou.

Ausschließlich diejenigen Tiere dürfen den Rassenamen tragen, die im weltweit einzigen amtlichen Zuchtbuch wie beschrieben aufgelistet sind. Es ist unter Androhung von Strafe verboten, andere Tiere mit dem inzwischen auch juristisch weltweit geschützten Rassenamen zu bezeichnen.

Info

Namensverwendung

Zahlreiche Zoos, private Vermehrer und Händler im deutschsprachigen Raum mussten in den letzten Jahren Strafbewehrte Unterlassungserklärungen im Wert von jeweils fünftausend Euro abgeben, weil sie zu Unrecht den Namen Poitou-Esel benutzt hatten. Dieser darf jedoch ausschließlich für die Tiere verwendet werden, die in einem Weltinventar aufgelistet und mit einem elektronischen Chip unter der Haut markiert sind. Es gibt weltweit nur einen Zuchtführer im südwestfranzösischen Niort. Poitou-Esel gelten als die wertvollsten Esel der Erde.

Der offizielle Standard

Für die Aufnahme von Eseln ins Zuchtbuch gibt es strenge Kriterien auch hinsichtlich der administrativen Vorgänge, die allein zu den erforderlichen Staatspapieren führen. In jedem Fall müssen die Tiere den offiziellen Standard erfüllen, der so beschrieben ist: „Großer lang gezogener Kopf, große und sehr weit offene Ohren, von langen Haaren geziert. Kräftiger Hals, zurücktretender Widerrist, gerader langer Rücken, gut angesetztes Kreuzbein, leicht hervorstehende Hüftknochen, kurze Kruppe. Lange und bemuskelte Oberschenkel, gerader Bug, hervortretendes Brustbein, runde Rippenbögen, starke Gliedmaßen, sehr große Gelenke, große und offene Füße, von Haaren bedeckt.

Rötlichbraune Fellfarbe, manchmal leicht ins Gelbliche neigend (dann „fougere" genannt, was in etwa mit dem Wort farnfarben übersetzt werden kann), um Maul, Nase und Augen silbriggrau mit einem rötlich-braunen Rand. Das Fell darf weder rot sein (oder verstreut auftretende weiße Haarbüschel haben), noch ein Rückenkreuz oder einen Aalstrich haben (schwarzer Fellstreifen, der vom Widerrist über das Rückrat bis zum Schwanzansatz führt). Der Unterbauch und die Innenseiten der Oberschenkel sind hellgrau, ohne dabei in verwaschenes Weiß überzugehen."

Die Eselstute hat gelegentlich ein kürzeres Fell, ihr Becken und ihre Kruppe sind breiter als bei den Hengsten.

Poitou-Mischlinge im Schnee.

Wichtig!

Zuchtbuch des Baudet du Poitou

Seit 1884 gibt es für die Zucht der Rasse Baudet du Poitou (BDP) ein einziges für die ganze Erde geltendes Zuchtbuch, das im Poitou geführt wird. Gelegentlich tauchen in einigen Ländern Personen auf, die sich mit der wahrheitswidrigen Behauptung brüsten, nationale Zuchtbuchführer zu sein. Das hat es niemals gegeben, gibt es nicht und ist auch nicht in Planung. Das gilt auch für Deutschland. Das eindeutige Reglement des Zuchtbuches wird gehütet vom französischen Landwirtschaftsministerium, dem französischen Berufszüchter-Verband für BDP und der Schutzorganisation für diese Esel, SABAUD (Association pour la Sauvegarde du Baudet du Poitou).

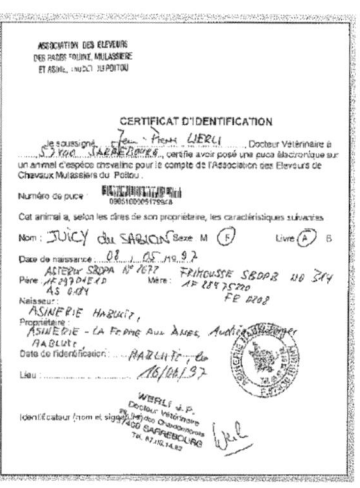

Mittlere Größen in Widerrist-Stockmaß: Hengste 1,40 m bis 1,50 m Stuten 1,35 m bis 1,45 m."
Soweit die deutsche Übersetzung der Standard-Beschreibung für die Rasse Baudet du Poitou.
Nur Esel, die diesem einzigen offiziellen Standard entsprechen, werden ins Zuchtbuch aufgenommen. Man hat gelegentlich von Qualzüchtungen bei Poitou-Eseln gehört, welche zu Größen geführt haben, die den offiziellen Standard weit überschritten. Meistens wird das durch chemische Manipulationen der Nahrung und/oder durch Gaben von Wachstumshormonen oder Antibiotika in der Fohlenzeit unnatürlich erzwungen. Nach dem Standard werden auch solche monströsen Kunstprodukte nicht ins Zuchtbuch aufgenommen und dürfen den Rassenamen nicht tragen. Das gilt ebenso für Esel, die das Mindestmaß unterschreiten, da hier der begründete Verdacht einer Betrugsvermehrung durch Einkreuzung anderer Esel zumindest bei Vorfahren besteht.

Das Welt-Inventarverzeichnis

In einem Welt-Inventarverzeichnis („Inventaire de la Population de la Race Baudet du Poitou") wurden 1994 neben Stammbaum, Fellfarbe und Größe auch noch folgende Maße festgehalten: Röhrbein-Umfang, Brustkorb-Umfang, Zwischenraum von Brustbein zum Boden und Umfang der Hufe.
Gekreuzte oder unechte Poitou-Esel gibt es heute nicht mehr, da der Rassename ausschließlich den im Zuchtbuch eingetragenen Tieren vorbehalten ist. Echte Poitou-Esel verfügen heute über folgende Dokumente:

1. Ein „Certificat d'Origine", ausgestellt und signiert vom Landwirtschaftsministerium der Französischen Republik,
2. Eine Zuchtbuchkarte A oder B, ausgefertigt vom „Stud-Book des Animaux Mulassiers du Poitou",
3. Ein „Certificat d'Identification", ausgefertigt vom Züchterverband
4. Ein „Carnet International de sante" (Internationales Gesundheitsheft), in dem auch alle Impfungen tierärztlich bescheinigt sind. Obwohl der Gesundheitspass nicht obligatorisch ist, wird er von verantwortungsvollen Züchtern heute selbstverständlich geführt. Außerdem werden alle Impfungen in dem europaweit zur Pflicht gewordenen Equidenpass eingetragen, der Aufschluss über die Behandlungen des Tieres gibt.

Kennzeichnungspflicht

Poitou-Esel müssen folgende Kennzeichnungen haben:
1. Eine SIRE-Nummer (die vom staatlichen Institut du Cheval in Paris vergeben wird und die kontrollierte Registrierung des Tieres im französischen amtlichen Equidenverzeichnis bestätigt),
2. eine „puce"-Nummer (die Kennziffer einer unter der Haut zur verwechslungsfreien Identifizierung angebrachten Chip-Markierung, die nur mit einem speziellen elektronischen Lesegerät aktiviert werden kann, über das die Staatsorgane in Frankreich verfügen),
3. eine Zuchtbuchnummer.

Echtheit des Baudet du Poitou

Für Kaufinteressenten eines Poitou-Esels ist heute sehr zuverlässig zu prüfen, ob ihm ein solches Tier seriös angeboten wird oder betrügerisch oder aus Unwissenheit (die den Anbieter vor Strafe nicht schützt). Es gibt folgende Möglichkeiten der Überprüfung: Jeder für die Zucht der Rasse Baudet du Poitou zugelassene Hengst muss über ein vom französischen Staat ausgefertigtes, auf seinen Namen lautendes und mit seiner Nummer versehenes Deckbuch verfügen, das Eigentum des Staates ist und nach jeder Decksaison zum 1. Oktober zurückzugeben ist.

Info

Schutz vor Überzüchtung

Der Standard für die Eselrasse Baudet du Poitou ist streng an natürlichen Richtlinien orientiert. Dadurch soll auch eine bei vielen anderen Rasse-Haustieren erfolgte Überzüchtung verhindert werden.

Tipp

Unterschiedliche Fell-Linien

Poitou-Esel gibt es in zwei Fell-Linien: sehr langhaarig-verfilzt, hell und kurzhaarig-dunkler. Das ist kaum bekannt, da in den Medien fast ausnahmslos die sehr auffallenden langhaarigen Tiere dargestellt werden.

Dieser männliche Jungesel übt an seiner „Tante".

Verwaltungsaufwand

Für jeden Deckakt muss der Züchter ein „Certificat de Saillie" in mehreren Ausfertigungen ausstellen, eine davon verbleibt beim Besitzer der gedeckten Stute. Will dieser ein Fohlen als Poitou-Fohlen verkaufen, kann er dem Interessenten das „Certificat de Saillie" vorlegen, das den Deckakt bescheinigt. Das Dokument gibt Auskunft über Vater und Mutter des Fohlens, Ort sowie Tag(e) und Art des Deckaktes. Besonders naturverbundene Tierfreunde werden darauf achten, dass der Deckakt frei erfolgte und die Stute nicht „von Hand", also gefesselt von mehreren Menschen, durch den ebenfalls gebundenen Hengst vergewaltigt wurde. Diese schreckliche Methode ist leider in der europäischen Pferdezucht die am meisten verbreitete.

Bestehen Zweifel an der Seriosität eines Angebotes, hat der Kaufinteressent durch die Prüfung des Certificat de Saillie die Möglichkeit, sich mit dem Besitzer des Hengstes in Verbindung zu setzen, um zu prüfen, ob ein Poitou-Esel Vater des vom Stutenbesitzer angebotenen Fohlens ist.

Das Ergebnis jedes Deckaktes muss dem französischen Staat in einer „Declaration du Resultat de la Saillie de la Monte" gemeldet werden. Hier wird eingetragen, ob die von einem Poitou-Hengst gedeckte Stute nicht aufgenommen hat, einen Abort erlitt oder ein Fohlen gebar. Ist ein Fohlen geboren worden, werden die Umstände der Geburt aufgezeichnet.

> **Tipp**
>
> *Deckscheine überprüfen*
>
> *Nicht selten werden unwissenden Kaufinteressenten Tiere zur Zucht angeboten, von denen der Verkäufer weiß, dass sie steril sind oder aus anderen Gründen keine Nachkommen, nur oder in der Mehrzahl Totgeburten beziehungsweise kurze Zeit nach der Geburt sterbende Fohlen „produzieren". Auch das kann der Kaufinteressent prüfen, wenn er sich die Deckscheine der betreffenden erwachsenen Tiere zeigen lässt, die im Lauf des bisherigen Lebens für dieses Tier ausgefertigt wurden.*

Auch das kann einem Kaufinteressenten interessante Aufschlüsse über die Qualität des angebotenen Fohlens geben. Bei schwierigen Geburten, zu denen sogar der Tierarzt gerufen werden musste, sind körperliche Mängel denkbar. Stirbt ein Fohlen in den ersten fünfzehn Tagen nach der Geburt (das ist eine kritische Zeit), so muss auch das verzeichnet sein – ebenso, wie mit der Tierleiche verfahren wurde. Gab es eine der sensationell seltenen Zwillingsgeburten, ergibt sich auch das aus der „Declaration".

Ein Kaufinteressent kann sich auch dieses zur Poitou-Zucht gehörende Dokument vorlegen lassen. Damit aber noch nicht genug der Möglichkeiten, seriöse Züchter von Etikettenschwindlern und Betrügern auch als Laie zu unterscheiden.

Nach der Geburt eines Poitou-Fohlens muss der Züchter in einem vom Landwirtschaftsministerium in Paris ausgegebenen Formular die von einer dazu autorisierten Person vorgenommene Identifizierung des Fohlens unter der Mutter, also beim Milchtrinken, bescheinigen lassen. Darüber wird ein „Signalement d'un anon" ausgefertigt, das die Identität von Vater- und Muttertier sowie den Besitzer des Fohlens bescheinigt und eine ausführliche Beschreibung des Fohlens in Worten, zusätzlich eine grafische Zeichnung enthält. Dieses „Signalement" muss gestempelt und unterschrieben sein. Dieser enorme Verwaltungsaufwand wird für die vom Aussterben bedrohten Poitou-Esel gemacht, um alle denkbaren Möglichkeiten des Betruges ausschließen zu können, was früher nicht nur den Käufern, sondern vor allem der bedrohten Rasse großen Schaden zugefügt hat.

> **Info**
>
> *Wertvolle Eselrasse*
>
> *Poitou-Esel sind nicht nur die größten Esel der Welt, sondern auch die wertvollsten, wie ihre Geschichte zeigt.*

Ein zwei Wochen altes Poitoufohlen.

Eselrassen und -arten

Info

Herkunft nicht eindeutig

Die Herkunft der Poitou-Esel ist nicht sicher zu belegen. Der französische Schutzverband zur Rettung der Poitou-Esel geht davon aus, dass es Poitou-Esel schon im Mittelalter gegeben hat.

Info

Der Adlige unter den Eseln

Der Poitou-Esel gilt als der „Adlige unter den Eseln". Sein äußeres Erscheinungsbild spielt dabei eine ebenso wichtige Rolle wie die hervorstechenden Charaktermerkmale: Intelligenz, Freundlichkeit, Sanftmut, und Kraft.

Die Geschichte der Baudet du Poitou

Schon im vierten Jahrhundert unserer Zeitrechnung war die Zucht von Qualitätseseln ein einträglicher Beruf. Für besonders große, starke und gut erzogene Tiere wurden sehr hohe Preise gezahlt. Schon die Normannen hatten bei der Besetzung Englands extrem große Maultiere mitgebracht, die ausnahmslos aus dem Poitou stammten. Väter dieser „gygantic hybrids" waren Poitou-Eselhengste. Auf einem vermutlich im Jahr 1066 hergestellten riesengroßen „Teppich von Bayeux" (fünfzig Meter lang und einen halben Meter breit) wird auch die Verwendung von solchen Eseln und Maultieren gezeigt.

Im sechzehnten Jahrhundert kamen nach den Forschungen Alfred Brehms die ersten spanischen Esel nach Südamerika, die bald darauf mit Poitou-Eseln gekreuzt wurden.

Der Bericht eines Französisch-königlichen Rates aus dem Jahr 1717 beschreibt zum ersten Mal nachweisbar die Statur der heutigen Poitou-Esel.

Deutschland lernte den Poitou-Esel erst 1907 kennen, er ist hier bis heute weitgehend unbekannt.

Heute haben sich die weltweit größten und engagiertesten Schutzorganisationen für Esel, der „International Donkey Protection Trust" und die „Donkey Sanctuary", zur intensiven Zusammenarbeit mit dem französischen Schutzverband zur Rettung der Poitou-Esel entschieden, dank des Engagements der „Grande Dame" aller Esel der Welt, Mrs. Elisabeth D. Svendsen.

Üppiges Haarkleid

Markenzeichen einer Linie des edlen Poitou-Esels sind die langen Haare. Zu früheren Zeiten reichten sie verfilzt bis zum Boden. Die Herkunft dieses Fells ist bis heute ein Mysterium. Man vermutet seinen Ursprung so: Im religiös und mythisch tief geprägten Poitou galten lange Haare als Zeichen von Männlichkeit und Fruchtbarkeit. Man züchtete durch Verdrängung dieses Merkmal bewusst heraus.

Die heute gezüchteten Poitou-Esel haben kürzere Haare als noch vor fünfzig Jahren. Man vermutet, dass kalkhaltiges Gestein und eine Ernährung mit Pflanzen, die auf diesen Böden wuchsen, dafür verantwortlich waren.

Es gibt kaum gesicherte Erkenntnisse darüber, wie die altvorderen Züchter es bewerkstelligt haben, dieses auf der ganzen Welt ungewöhnliche Haarkleid zu züchten. Die meisten Autoren führen das auch auf mangelnde Hygiene in den alten Stallungen zurück. Ob das zutrifft, lässt sich wohl heute nicht mehr klären.

Die langen Haare sind das Markenzeichen der Poitouesel.

Info

Das Fell des Poitou-Esels

Das Fell des Poitou-Esels gilt bis heute in ländlichen Regionen als heilig. Bei Züchtern ist es verpönt, das Fell eines Poitou-Esels durch Ausbürsten oder gar Scheren zu kürzen, es gilt als natürlicher Schutzpanzer gegen Hautkrankheiten, Insektenplagen und Witterungseinflüsse. Dennoch findet man heute keine Poitou-Esel mit verfilzten Placken mehr, die bis auf den Boden reichen. Solche „cadenettes" (etwa mit „Vorhängchen" zu übersetzen) genannten Superlative will man aus tierschützerischen Gründen nicht mehr verantworten.

Eine reinrassige Poitoustute mit kurzem Fell und ihrem Fohlen, das langhaarig wird.

Eine seltene Rasse

Die Seltenheit der Poitou-Esel führte vor allem in Staaten, in denen die Zucht von Eseln unkontrolliert durch Laien erfolgen durfte wie in Deutschland, dazu, dass Etikettenschwindel und Betrug die bedrohte Rasse noch weiter gefährdeten. Die Beteiligten an der Dezimierung der reinblütigen Tiere wurden dabei keineswegs immer von Streben nach Gewinn für die teuren Tiere geleitet. Oft waren es Unwissenheit und Leichtfertigkeit sogar wohlmeinender Personen und Organisationen, die unabsichtlich zur Degradierung der Rasse beitrugen.

Noch im Jahr 1989 schrieb ein Autor, der sich zweifellos ehrlich für die Rettung von Haustierrassen einsetzen wollte, der Gesamtbestand im deutschsprachigen Raum sei „als äußerst wertvoll einzustufen und bildet eine Schlüsselrolle bei den Bemühungen zum Erhalt der Rasse". In einer privaten „Datenerfassung" hatten Deutsche geglaubt, herausgefunden zu haben, dass dort 46 Poitou-Esel existieren. Auch wohlmeinende Autoren und Datenerfasser waren auf einen weitverbreiteten Etikettenschwindel hereingefallen, der sich vor allem im deutschsprachigen Raum hatte breitmachen können.

In Frankreich war man aufmerksam auf deutsche Vorgänge geworden, als in deutschsprachigen Zeitschriften zunehmend Veröffentlichungen von immer denselben Verfassern/innen erschienen, in denen davon gesprochen wurde, Poitou-Esel könne man nicht reiten, sie seien für die Arbeit nicht geeignet, hätten Huf- und Gelenkprobleme. Auf kontrolliert gezüchtete Tiere der Rasse trifft das absolut nicht zu, also vermutete man im deutschen Bestand Unklarheiten, Inzucht über einen langen Zeitraum.

Überprüfung der Poitou-Esel durch Experten

Bei dieser Gelegenheit unterwarf sich eine Spezialkommission der viele Jahre dauernden Arbeit, den Weltbestand der Poitou-Esel neu zu erfassen. In einem „Inventaire de la Population de la Race Baudet du Poitou" wurden 1994 insgesamt 22 Tiere aufgelistet, die den Zuchtbuchführern auffällig erschienen, davon lebten acht Tiere in Deutschland und vier in der Schweiz. Betroffen war auch ein renommierter deutscher Zoo, der sich mit zwölf „Poitou-Eseln" vertreten ließ. Die Hälfte davon wurde zu einer eingehenden Prüfung vorgeschlagen, da es sich um Tiere handele, die vermutlich keine Poitou-Esel seien. Von ihnen waren dennoch über Jahre hinweg Nachkommen als „Poitou-Esel" verkauft worden, inzwischen drohte schlechtes Blut in reinrassige Zuchten einzuwandern. Deutschen Besitzern vermeintlicher Poitou-Esel wurde so erstmals die Möglichkeit eröffnet, ihre Esel einer aus Frankreich angereisten Zuchtbuchkommission auf deutschem Boden vorzustellen.

34 Tiere wurden in Deutschland als „Poitou-Esel" vorgeführt. Nur acht Hengste und zwei Stuten wurden anerkannt. Ein Dutzend Tiere wurden als nicht reinblütige Kreuzungstiere enttarnt, ein weiteres Dutzend waren einfache Esel.

Die unkontrollierte Vermehrung durch Laien hatte in Deutschland auch dazu geführt, dass einige Tiere identische Väter und Großväter hatten, mit ein und derselben Stute angebliche Deckhengste für die Weiterzucht und deren Söhne produziert wurden. Es versteht sich, dass die Verkaufspreise in Deutschland für Tiere mit dem Falschetikett „Poitou-Esel" erheblich niedriger waren als bei seriösen kontrollierten Berufszüchtern in Frankreich.

Haltung und Nutzung von Poitou-Eseln

Der Poitou-Esel bietet im Vergleich zu anderen Eseln wesentliche Vorteile für die Haltung und Nutzung. Er ist ruhiger und sanfter als andere Eselrassen, dazu auffallend menschenfreundlich. Er sucht die Nähe des Menschen, bindet sich stark an seinen Halter und folgt ihm sehr willig.

Er weist weder körperlich noch vom Wesen her negative Merkmale im Vergleich zu anderen Eseln auf. Anderslautende Behauptungen sind mit großer Sicherheit auf den erwähnten leichtfertigen oder vorsätzlichen Etikettenschwindel zurückzuführen, der leider noch immer weit verbreitet ist, obwohl die sehr rigiden Schutzmaßnahmen aus Frankreich diese Praxis gut eingedämmt haben.

Wichtig!

Geschützter Rassename
Seit dem 1. Januar 1996 ist der Rassename „Baudet du Poitou" (abgekürzt BDP und im deutschen Sprachgebrauch vereinfachend „Poitou-Esel") weltweit auch unter Androhung von Strafe geschützt. Wer einen Esel, der nicht im amtlichen Zuchtbuch für die Rasse aufgeführt wird,
so bezeichnet, kann bestraft werden.

Info

Der Kampf gegen das Aussterben

Im Jahr 1962 gab es 44 Baudet du Poitou in der Stammregion, Neugeborene eingeschlossen. Zu dieser Gruppe konnten zwanzig Hengste gezählt werden. Es dauerte bis 1979, dass sich Verantwortliche zusammenschlossen, in einer gewaltigen Anstrengung das Aussterben aufzuhalten.

Maultier: Mix aus Esel und Pferd

Blütezeit der Baudet du Poitou

Zwischen den beiden Weltkriegen hatte der Baudet du Poitou seine Hochblüte. Der BDP-Hengst ist unzweifelhaft der beste Erzeuger von Maultieren. Armeen auf der ganzen Welt setzten in mit Maschinen schwer oder nicht zugänglichen Gebieten Maultiere als Gepäckträger ein. Die Esel- und Maultierzüchter des Poitou genossen international hohes Ansehen. Allein durch den Verkauf seiner Fohlen konnte ein Züchter im Poitou seinerzeit mit zwei Hengsten in wenigen Jahren so viel Geld erwirtschaften, dass davon ein großer Bauernhof mit Land in bar zu bezahlen war.

> **Info**
>
> **Poitou-Maultiere**
> Poitou-Maultiere sind die stattlichsten und robustesten Kreuzungen zwischen Eselhengst und Pferdestute, die es gibt. Sie wiegen etwa 750 Kilogramm, können ihr eigenes Körpergewicht tragen und bis zu zweieinhalb Tonnen Gewicht ziehen!

Ein Rettungsprogramm wird etabliert

1977 hatte die Studentin Annick Audiot für das „Institut National de la Recherche Agronomique" in einer Studienschrift eindringlich vor dem Aussterben der Poitou-Esel gewarnt. Am 13. November 1977 trafen sich im französischen Staatsgestüt in Paris Interessenten für ein Rettungsprogramm: Züchter aus dem Poitou, Vertreter der regionalen Staatsgestüte, des Nationalen Museums für Naturgeschichte, des Naturschutzparks Poitou, örtlicher Organisationen, Wissenschaftler und Einzelpersonen.

In einem abgelegenen Gebiet zwischen dem Boutonne-Tal und umliegenden Wäldern lag einer der vielen verlassenen Bauernhöfe des Poitou. Ein idealer Standort, an dem eine vom Aussterben bedrohte Tierart ohne Störung durch die Öffentlichkeit oder Massenbesuche untergebracht werden konnte. Die Organisationen, die sich zur Rettung des Poitou-Esels gefunden hatten, entschieden sich, hier ein Erhaltungszuchtprogramm einzurichten. Im Januar 1982 trafen die ersten Eselstuten ein, 1987 waren es schon zwanzig Stuten und ihre Fohlen.

> **Info**
>
> **Statistik zum Bestand**
> Die französische Staats-Statistik macht den Niedergang deutlich: 1913 wurden an Eseln, Maultieren und Mauleseln in Frankreich 544 590 Exemplare gezählt, 1987 gab es nur noch 18 160 Tiere.

Maßnahmen zur Blutauffrischung

Zur Blutauffrischung kaufte man für die Tillauderie zunächst sechs portugiesische Großesel-Stuten, mit denen Kreuzungen gezüchtet wurden. Nach dem Decken durch einen reinrassigen BDP-Hengst gebaren sie als erste Generation halbblütige Poitou-Fohlen (Demi-

Poitou) mit fünfzig Prozent BDP-Anteil. Man behielt nur die weiblichen Tiere, die mit Erreichen der Geschlechtsreife von jeweils anderen blutlinienfremden reinblütigen BDP-Hengsten gedeckt wurden. Deren Fohlen hatten bereits einen 75%igen BDP-Blutanteil. So wurde weiter verfahren. Im Frühjahr 1997 wurde die vierte Generation in der Tillauderie geboren worden. Sie hat rechnerisch 93,75 % BDP-Blutanteil und ist damit nach dem Reglement des Zuchtbuches automatisch reinrassig. Die züchterische Rettung muss noch weitergehen. Erst ab der siebten Generation haben die Tiere rechnerisch mehr als 99 % BDP-Blutanteil, was dann zu einer fortschreitenden Blutauffrischung für die gesamte Rasse führen wird.

> **Info**
>
> **Gründung der SABAUD**
>
> 1988 wurde die SABAUD (Association pour la Sauvegarde du Baudet du Poitou) als Weltzentrale und Schutzverband gegründet.

Unfruchtbarkeit bei den Baudet du Poitou

Im Poitou werden Eselhengste und -stuten ab dem dritten Lebensjahr zur Zucht eingesetzt. Der Eselhengst jeder Rasse gilt bekanntlich als besonders decklustig und sexuell aktives Tier. In den traditionellen BDP-Zuchten entwickelte sich Deckunlust und Sterilität. Die Zahl der frigiden oder unfruchtbaren Hengste und Stuten nahm zu. In Frankreich entstand ein Sprichwort, in dem das Wort „Baudet" als Synonym für „Lahmarsch" benutzt wird. Das ist ein Zeichen dafür, wie sehr der Poitouhengst mit Sexualität verbunden ist.

Poitoufohlen wachsen bei artgerechter Haltung rasch auf die Größe der Mutter heran.

Eselrassen und -arten

In vielen Überlieferungen ist nachzulesen, dass die BDP-Züchter der steigenden Unfruchtbarkeit mit Geheimrezepturen beizukommen versuchten. Züchtern wurde geraten, beim Deckakt für den BDP-Hengst mit eisernen Ketten zu lärmen. Andere schwören darauf, das Liebesspiel zwischen dem adligen Großeselhengst und seiner Stute durch Violinenspiel zu untermalen. Einige Hengstführer waren überzeugt, dass ihr eigenes Grimassenschneiden im Decksaal den Hengst agiler mache. Eine besonders amüsante Vorstellung ist die Tradition, dem Poitou-Hengst beim Deckakt obszöne Lieder vorzusingen. Heute solche Possen ins Archiv der Kuriositäten der Zuchtgeschichte zu stellen, wäre verfehlt. In ländlichen Gebieten gibt es immer noch Bauern und Pferdezüchter, die verzweifelt zu diesen abartigen Methoden greifen, wenn ihr Hengst nicht aktiv genug erscheint. „Man kann ja nie wissen ..."

Decken an der Hand

Mit den Techniken der traditionellen Zucht muss man sich ernsthafter auseinandersetzen. Das Decken von Poitou-Eseln wird fast immer „an der Hand" betrieben, wie es in der Pferdezucht in Europa leider die Regel ist. Für Tierschützer stellt diese Technik eine Vergewaltigung der Stute und des Hengstes durch den Menschen dar. Über die körperlichen Folgen für die so zu Produktionsmaschinen degradierten Tiere gibt es keine wissenschaftlichen Untersuchungen. Wie sich diese uralten Praktiken, die heute mit moderner Chemie und Medizintechnik fortgesetzt werden, auf die Verhaltensstruktur einer Rasse auswirken, ist ungeklärt.

Haltung von Junghengsten

Eine angesehene französische Wochenschrift nennt es eine barbarische Methode, was zu früheren Zeiten für die Poitou-Esel-Zucht ausgedacht wurde, aber leider heute noch verbreitet ist. Mit Erreichen der Geschlechtsreife werden die Junghengste in dunklen Räumen gehalten. Von da an sehen sie kein natürliches Tageslicht mehr.

Die Stallanlagen sollen zur Entwicklung eines möglichst langen Zottelfells aus dicken Kalksteinmauern bestehen. Nur zum Decken von Eselstuten oder für die Produktion von Maultieren werden die für eine der beiden Tätigkeiten abgerichteten Hengste in einen speziellen „Salle de Saillie" geführt, der meist ebenfalls kein Tageslicht bekommt. Dort wartet eine gefesselte Stute in einem Holzgestell

> **Info**
>
> **Deckzeitraum und Trächtigkeitsdauer**
> BDP-Stuten sind drei bis fünf Tage rossig. Auch sie werden wie vom französischen Staat leider vorgeschrieben nur von März bis September gedeckt. Andernfalls erhalten ihre Nachkommen keine Papiere. Statistisch nehmen sie am besten in den Monaten April und Juli auf. Die mittlere Trächtigkeitsdauer, so haben Datensammler errechnet, beträgt 375 Tage. In der Praxis tragen Eselstuten zehn bis vierzehn Monate.

Der Baudet du Poitou-Zuchthengst „Capitain du Bourg" musste sich beim Autor erst an freie Haltung gewöhnen.

auf ihren Vergewaltiger. Es handelt sich um eine kombinierte Vorrichtung zum Anbinden an der Wand, die sich vor dem Kopf der Stute befindet, mit seitlichen Geländern, die nach hinten zu Haltebügeln geweitet sind, sodass die hinteren Gliedmaßen der Stute von Helfern gespreizt werden können.

Deckversuche

Der Hengst wird in den „Salle" geführt, vorher entsprechend aufgeputscht. Mit den beschriebenen Methoden soll er seine „Arbeit" möglichst in wenigen Sekunden verrichten, sofort danach wird er heruntergezerrt und wieder in seine Box geführt. Soll ein BDP-Hengst Maultiere produzieren, werden ihm gelegentlich noch Kapuzen oder Decken über den Kopf gestülpt wie den Todeskandidaten auf der Guillotine. Auch das Einreiben der Kruppe von Pferdestuten mit Vaginalsekret aus rossigen Eselstuten ist noch üblich, um die Hengste zu täuschen.

Monsieur Lucien Gauducheau, der erfahrenste Hengstführer für die Rasse Baudet du Poitou, arbeitet heute in der Tillauderie. Er kennt aus eigener Erfahrung auch die alten Methoden. Er meint: Ein Eselhengst braucht Zeit und der Mensch Geduld. Die Zeit, die man mit einem Eselhengst bei Deckversuchen verbringt, darf man nicht rechnen. Es können viele Tage erfolglos verstreichen, will man ohne die alten barbarischen Methoden BDP-Esel oder -Maultiere züchten. Die „Produktion" ist mit veralteten Methoden übrigens sehr begrenzt.

Eselrassen und -arten

Info

Anatomie der Eselstute
Die Harnblasenröhre der Eselstute reicht mit einem „Hals" von etwa 1,5 Zentimetern Durchmesser und sechs bis acht Zentimetern Länge in die Vaginalröhre hinein und steht nicht selten abaxial zur Scheide. Durch Absonderung von Harn kann das nach Moreau in der Rossezeit dazu führen, dass nach erfolgten Urinspülungen die Vagina zu trocken und der Gebärmutterhals zu wenig geweitet sind. Das sei eine physiologische und genetische Erklärung für geringen Züchtererfolg.

Info

Spermaproben
Das von den traditionell gehaltenen BDP-Hengsten untersuchte Sperma zeigte bei einigen Tieren keine Auffälligkeiten, bei vielen stellte man im Labor eine abnehmende Fruchtbarkeit fest.

Probleme bei der Zucht
Frigidität bei Stuten und Unfruchtbarkeit oder mindestens mangelnde Fertilität bei den Hengsten schlich sich in die Zuchten ein. Niemand konnte sich erklären, warum...
Moreau hat 1958 versucht, die Ursachen dafür zu ergründen, kam aber nicht auf den Gedanken, sie in den Züchtermethoden zu suchen. Er stellte die Vermutung auf, dass auch in der Anatomie der Eselstute eine Ursache für die wenig befriedigende Erfolgsquote liegen könnte.

Neueste Geburtsstatistiken
Neuere Statistiken wurden vom französischen Staat kontrolliert erstellt. Die Ergebnisse alarmierten die Liebhaber des Poitou-Esels. 1971 wurden elf Eselstuten gedeckt, vier davon nahmen nicht auf, zwei erlitten eine frühe Totgeburt (Abort), es wurden nur zwei männliche Fohlen geboren, von denen eines bald nach der Geburt starb und drei weibliche, von denen ebenfalls eines kurze Zeit später starb. Zusammengefasst: 1971 gebaren elf gedeckte Eselstuten fünf lebende Fohlen. 1972 brachten fünfzehn gedeckte Stuten nur sechs lebende Fohlen zur Welt, 1973 deckte man zehn Stuten, kein einziges lebendes Fohlen bereicherte die vom Aussterben bedrohte Rasse. 1974 war man glücklich über ein einziges lebendes Fohlen

Die verfilzten Placken sollten beim Poitouesel nicht entfernt werden.

aus acht gedeckten Stuten, 1975 wurden von elf Stuten zwei lebende Nachkommen verzeichnet und 1976 schließlich erreichten die traditionellen Zuchtmethoden bei zwölf gedeckten Stuten erneut kein einziges überlebendes Fohlen.

In den sechs untersuchten Jahren wurden demzufolge rechnerisch 67 Stuten gedeckt, die insgesamt nur neun lebende Fohlen zur Welt brachten. Das entspricht einem Zuchterfolg von nur etwa dreizehn Prozent!

Künstliche Befruchtung

Später sind keine solchen Zahlen mehr bekannt gegeben worden. Durch Studium des Zuchtbuches kann man feststellen, dass sich der Erfolg ein wenig verbessert hat. In einigen Zuchten werden die alten Methoden immer noch unverändert oder wenigstens etwas modifiziert angewendet, hinzu kommt der Versuch, neue Medizintechnologie zu benutzen. Nach vielen Jahren von Forschung und praktischen Versuchen ist es einem Labor gelungen, bei der Rasse BDP durch künstliche Befruchtung lebende Fohlen zu erzeugen. Das sind sensationelle Ausnahmen, normalerweise funktioniert die künstliche Befruchtung bei Eseln nicht. Das entsprechende Labor hält seine Methode geheim.

Poitou-Standard: „...große und sehr weit offene Ohren, von langen Haaren geziert..."

Die Lösung: Artgerechte Haltung

Vielleicht liegt die Lösung für die Nachwuchsprobleme in einer artgerechteren und naturverbundeneren Haltung? In meiner Zucht habe ich das erfolgreich versucht.

Ein erwachsener Hengst wurde gekauft, der bei den Vorbesitzern nur teilweise die Dunkelhaft erdulden musste und bei seinem Letzten im Sommer auf wenigen Quadratmetern Freiluft in Einzelhaltung genießen konnte. Auch er war ausschließlich mit vom Menschen erzeugtem Futter ernährt worden (Heu, Stroh, Pellets und Körner). Die Deckakte wurden mittels eines traditionellen Gestells, aber im Freien durchgeführt.

Eselrassen und -arten

Links ein erwachsener Mischlingsesel der Art „Bouchard", rechts daneben ein Poitoufohlen.

Dieser Hengst wurde von mir in den ersten beiden Jahren freilaufend neben einer Parzelle mit Stuten gehalten. Es war bedrückend, mitzuerleben, dass dieses prächtige und große Tier wie ein Fohlen lernen musste, dass man frisches Gras auf der Weide essen kann. Der Esel war, kaum freigelassen, zunächst aggressiv und stellte sich gegen Menschen, die er ja nur als Wärter und Peiniger kennengelernt hatte. Bei den Deckakten hatten die Vorbesitzer schmerzende Gebisse in sein von Natur aus empfindsames Maul eingesetzt.

In einem etwa drei Jahre dauernden Programm lernte dieser Hengst seine Freiheit zu schätzen. Zunächst wurde zum Teil aus anfänglichem Unwissen, später als Übergangsversuch, „von Hand" gedeckt. Dabei wurden die Stuten nicht gefesselt, sondern nur mit einem Stallhalfter an einen Wandring gebunden. Der Hengst wurde mit einem einfachen Stallhalfter von der Person geführt, zu der er inzwischen Vertrauen entwickelt hatte.

In den Perioden des Übergangs war die Erfolgsquote der gleichwertig, die in der traditionellen BDP-Zucht angewandt wurde, wie nicht anders zu erwarten war.

Dann kam der erste spannende Frühling. Dem Hengst wurden rossige Stuten auf einer ihm frei zur Verfügung stehenden Parzelle ungebunden zugeführt, beide Partner konnten sich frei bewegen.

Erste Deckversuche in freier Natur

Zweifel herrschten, ob das Projekt gelingen werde, diesen Hengst als frei lebendes männliches Tier halten zu können. Die Aggressivität, mit der er die erste, besonders starke und sehr erfahrene Eselstute bedrängte, ließ so viel Mitleid für das weibliche Tier entstehen, dass der Versuch nach wenigen Minuten abgebrochen wurde. Tags darauf wagte man es nochmals. Es war festzustellen, dass die immer noch bedrohlich erscheinende Aggressivität nach etwa einer halben Stunde abnahm. Völlig verschwitzt standen sich die als Partner gedachten Gegner eines ungewohnten Kampfspieles gegenüber. Endlich trat eine Pause ein.

Das ganze Jahr über wurde so weiter verfahren, da man eine rasch abnehmende Aggressivität beim Hengst feststellen konnte. Rossige Eselstuten wurden dem Hengst frei zugeführt. Gegen Jahresende konnte dazu übergegangen werden, die Stuten ganztags und sogar nachts in der Rosse bei dem Hengst zu belassen. Er wurde immer ausgeglichener.

Im folgenden Jahr war geplant, erstmals einen BDP-Hengst mit seinen Stuten auf einer riesigen Parzelle frei laufen zu lassen. Nicht ohne Befürchtungen liefen die Vorbereitungen ab, hatte es doch im Jahr zuvor einige Bisswunden gegeben. Einige Narben an Ohren und im Halsbereich der Stuten sind heute noch zu sehen.

Doch der Versuch gelang. Es bestand kein Anlass mehr, den Hengst zu isolieren, die Stuten zu fesseln. Wenn das Jahr im Spätherbst kalt und feucht wurde, trottete das inzwischen menschenfreundliche Riesentier hinter seiner Vertrauensperson her in den Freilaufstall. Sobald die Witterung es zuließ, lebte er im Frühjahr wieder mit den Stuten zusammen.

Ein frühreifer männlicher Poitou-Jüngling übt sich an einer rossigen Stute.

Gute Prognosen für die Zukunft

Zu den vom französischen Staat erhobenen Statistiken können nach so kurzer Zeit keine wirklich vergleichbaren Zahlen präsentiert werden. Dennoch sei erwähnt, dass der beschriebene Hengst seit 1996 frei läuft, viele Stuten gedeckt hat, die viele gesunde lebende Fohlen zur Welt brachten, was rein rechnerisch einer Erfolgsquote für die natürlichere Methode in Höhe von etwa 58 Prozent entspricht. Die Prognosen gehen auf 90 Prozent zu.

Diese beiden Fohlen haben dasselbe Alter! Das langhaarige ist ein Baudet du Poitou (BDP).

Info

Vorsicht vor unkontrollierten Berührungen

Das Betatschen vor allem durch tapsige Kinderhände im Gesicht, an den Flanken oder auf dem Hinterteil kann im schlimmsten Fall dazu führen, dass Fohlen schreckhaft werden und die Nähe von Menschen später meiden, weil sie Grabscher fürchten. Auch Poitou-Esel und gerade die Fohlen haben eine Individualdistanz, die der Mensch zu respektieren hat.

Die Pflege von Poitou-Eseln

Die Pflege von Poitou-Eseln entspricht im Wesentlichen der anderer Rassen. Dennoch gilt es auf einige Besonderheiten aufmerksam zu machen: Fell, Haut und Hufe.

Poitou-Fohlen sind samtig-plüschig mit feinen, gekräuselten, meist schwarzen Haaren. Wenn sie einer Zucht entstammen, in der charakterlich einwandfreie Tiere eingesetzt werden, sind Poitou-Fohlen menschenfreundlich und lieben es, gestreichelt und geherzt zu werden. Dabei sollten die Ohren und der Bereich zwischen den Augen zunächst tabu sein!

Die Ohren sind die empfindsamsten Körperteile, sensible Antennen, deren Berührung erst erfolgen sollte, wenn zweifelsfrei ein Vertrauensverhältnis zwischen der betreffenden Person und dem individuellen Esel aufgebaut ist, was Wochen oder sogar Monate dauern kann.

Die übrige Behandlung der Poitou-Esel muss den heutigen Gewohnheiten von Tierfreunden entsprechen. Respekt und Achtung vor dem anderen Lebewesen, das als Partner akzeptiert ist, sollte alle Handlungen leiten.

Die riesigen schweren Ohren dieses Poitoufohlens werden sich noch aufstellen.

Vorbildliche Annäherung: Wenn man sich klein macht, verursacht man kein Angst.

Die Pflege des Fells und der darunterliegenden Haut des Poitou-Esels stellt eine Besonderheit dar, wenn er zur Linie der Langhaarigen gehört. Die Fohlen beider Fell-Linien sehen aus wie beschrieben. Man kann sie durch vorsichtiges Streicheln und Berühren von immer denselben Personen in ruhiger Atmosphäre bereits wenige Tage nach der Geburt desensibilisieren.

Vertrauensbildung beim Fohlen

Hat sich das Fohlen daran gewöhnt, berührt zu werden, kann versucht werden, ihm den ersten fremden Gegenstand in der Hand des Menschen als ungefährlich nahezubringen, die Bürste. Je nach Tier nimmt man sich dafür Stunden oder Tage Zeit. Das Fohlen darf die Bürste in der Hand des Menschen beäugen und beriechen. Wenn es danach schnappen will, wird die Übung ohne Aufheben beendet, der Gegenstand verschwindet und das Berührungsspiel geht weiter. Jede Lektion muss mit einem positiven Erlebnis für das Tier abgeschlossen werden.

Ein an die Bürste gewöhntes Fohlen darf ohne Druck auf die Haut gelegentlich leicht gestriegelt werden. Das ist bei Poitou-Eseln keineswegs nötig. Es dient dem Tier nur sehr bedingt, ist für den Menschen aber ein Mittler zur Vertrauenserziehung. Dabei kommt es nicht auf ein für uns Menschen gepflegt aussehendes Fell des Fohlens an, sondern auf körperlich nahe Aktivität.

Info

Desensibilisierung

Dieser negative Ausdruck bedeutet richtig verstanden und praktiziert etwas sehr Positives: Aufbau von Vertrauen zwischen Mensch und Tier. Durch Umsicht und Geduld erlernen beide Partner, dass sie sich kein Leid zufügen. Meist wird vergessen, dass auch der Mensch erst lernen muss, dass ein Esel, selbst als Fohlen, ihm kein Leid zufügen will, wenn sich das Tier ausnahmsweise einmal ruckartig bewegt oder gar ausschlägt oder beißt. Im Fohlenalter sind das spielerische Handlungen oder Lernbewegungen, die der intelligente Mensch richtig einzuordnen versteht und nicht bestraft.

Eselrassen und -arten

Info

Den Filz nicht kämmen

Der Filz ist ein Schutzpanzer für das Tier. Man sollte nicht versuchen, ihn durchzukämmen. Erstens ist das technisch nicht möglich und zweitens tut es dem Tier nicht gut. Wer kein langhaariges Tier haben möchte, kann sich für Exemplare der kurzhaarigeren Linie entscheiden oder sollte sich einen Kreuzungsesel bzw. eine andere Großeselrasse zulegen.
So gesehen benötigt das Fell eines Poitou-Esels wenig Pflege. Die Langhaarigkeit und vor allem die Filzplacken sind ein natürlicher Schutz gegen Hautkrankheiten oder Parasitenbefall.

Unterschiede im Fell

Das Fell von Poitou-Eseln verfilzt auch bei den kurzhaarigen Tieren im Fohlenalter nach wenigen Monaten. Das erste Babyfell wird je nach Region, Klima und Wetter, Bodenbeschaffenheit und Ernährung nach vier oder erst nach sieben Monaten in verfilzte helle Placken umgewandelt, die außergewöhnlich urtümlich den ganzen Körper des Tieres bedecken und schützen. Für Liebhaber natürlicher, vom Menschen nicht verzüchteter Tierrassen ist der verfilzte Poitou-Esel eines der schönsten Dokumente für Urtümlichkeit. Wer ein Tier der langhaarigen Linie erworben hat, wird auf jeden einzelnen Filzplacken seines Jungesels achten wie auf seine Augäpfel und innig hoffen, dass er sie möglichst lange behält. Ein langes und verfilztes Fell gilt unter Kennern und Liebhabern von Poitou-Eseln seit Bestehen der Rasse bis heute unverändert als Markenzeichen.
Es gibt allerdings auch eine kurzhaarigere Linie unter den reinrassigen Poitou-Eseln. Die Tiere haben meist ein dunkleres Fell, das bis ins Schwarze gehen kann. Sie werden uneingeschränkt ins A-Buch der Rasse aufgenommen, obwohl das dem offiziellen Standard eigentlich widerspricht. Es ist absehbar, dass in einigen Jahren nur noch langhaarige Tiere mit verfilztem Fell für die Zucht der Rasse BDP zugelassen werden.

Vorsorge

Vorsorge tut ein Übriges. Die gilt wie bei allen anderen Hauseselrassen. Auch medizinische Vorsorge wie Impfungen und Entwurmungen entsprechen den Regeln für Hausesel.
Die Hufe der Poitou-Esel sind steiler und größer, weiter geöffnet. Dadurch sind sie empfindlicher gegen feuchten Boden. Je höher der Blutanteil ist, desto mehr gilt das. Halbblütige Tiere können so gehalten werden wie andere Rassen, reinrassigen Tieren muss mehr Aufmerksamkeit zuteil werden.

Die äußerliche Urwüchsigkeit zeichnet den Baudet du Poitou aus.

Ein Poitou-Mischling mit seiner Hauseselmutter.

Hufpflege

Die zeit ihres Lebens in engen Gefängnisboxen gehaltenen Deckhengste der traditionellen veralteten Zuchten standen lebenslang in ihrem eigenen Mist auf einer Matratze aus Stroh, Urin und Kot. Das hätte schwerste Schäden verursacht, wären einige Züchter nicht auf eine eigenwillige Idee der „Belüftung" gekommen, die einen für ihre Geschäfte durchaus erfreulichen Nebeneffekt hatte. Sie beschlugen die Hengste mit Spezialeisen und ließen die Hufe sehr hoch wachsen. Das brachte ein wenig Luft unter die Sohle. Zudem erschienen die Tiere dadurch um viele Zentimeter größer. Das Stockmaß war den Züchtern alter Zeit für die größte Eselrasse der Welt ein ausschlaggebender Faktor bei der Festsetzung des Verkaufspreises. Bei einigen von mir gekauften Tieren musste der Hufschmied bis zu sieben Zentimeter Hufwand abnehmen, um aus „High-Heels" natürliche Eselfüße zu machen.

Heute sind die wertvollsten Tiere nicht die größten, sondern die, die dem Zuchtbuchstandard entsprechen, gepflegte Hufe und ein gutmütiges Wesen haben, menschenfreundlich sind und in den natürlichen Abständen ohne langjährige Pausen Nachkommen erzeugen. Noch immer finden sich aber (billigere) Abkömmlinge der veralteten Zuchtmethoden.

> **Wichtig!**
>
> **Viermal jährlich zum Hufschmied**
>
> *Ein gut gehaltener Poitou-Esel sollte mindestens vier Mal im Jahr von einem professionellen Hufschmied kontrolliert und gepflegt werden. Amateurschneider und Laien-Nagler haben an Poitou-Hufen außer der täglichen Putzpflege nichts zu suchen.*

Das große BDP-Fohlen scheint kein Interesse an dem kleinen erwachsenen Hausesel zu haben.

Info

Grand Noir du Berry
Der Züchterverband für die Grand Noir du Berry hat eine Zusammenarbeit mit Marokko, Algerien, Tunesien und Mauretanien begonnen, da dort Großesel sehr gefragt sind. Berry-Esel sind sehr wertvolle und gesuchte Tiere.

Grand Noir du Berry (Berry-Esel)

Von etwa 1870 bis 1920 wurden in dieser französischen Region südlich des Pariser Beckens für die Landwirtschaft besonders große und kräftige Esel gezüchtet, die dort auch zur Erzeugung von Maultieren Verwendung fanden. Mit der zunehmenden Motorisierung geriet die Rasse in Vergessenheit. Im Rahmen eines Rettungsprogramms schlossen sich 1987 zwei alte Züchterorganisationen zusammen mit dem Ziel, auch diese vom Aussterben bedrohte Haustierart zu erhalten. 1988 wurde der erste Berry-Hengst von einem französischen Staatsgestüt amtlich als Deckhengst anerkannt. 1991 wurde ein neues Zuchtbuch eröffnet.

Der Standard der Berry-Esel

Größe in Widerrist-Stockmaß: Erwachsener Hengst (ab vier Jahre) 1,35 m bis 1,45 m, Stute mindestens 1,30 m. Fellfarbe uni, also ohne Flecken oder Abzeichen, von rotbraun bis dunkelbraun, fast ins Schwarze gehend. Kein Rückenkreuz, kein Aalstrich, keine zebrulen Streifen an den Gliedmaßen. Das Sommerfell ist kurz, wie geschoren aussehend. Der Schwanz muss dieselbe Farbe haben wie das Körperfell. Bauchunterseite, Schulterfalten (Verbindung zwischen Brust und Vordergliedmaßen) ebenso wie die Leisten und die Innenseiten der hinteren Schenkel sind weißgrau. Geradliniger Kopf mit sehr großen Ohren (entspricht der Hälfte der gesamten Gesichtslänge). Weißgraues Mehlmaul, das fast bis zur Stirn reichen darf und gelegentlich rotgerändert ist. Lebendige Augen mit einer weißgrauen Brille, ebenfalls gelegentlich rotgerändert. Offene Brust, gerader Rücken. Hinterhand rund oder geneigt. Kräftiger Hals mit stehender oder fallender Mähne. Starke Gliedmaßen, lotrecht stehende Vorderbeine.

Katalanen-Esel

Eine ebenfalls seltene Eselrasse, deren Zuchtbuch im nordwestspanischen Ort Urgell geführt wird, das dort leider in Vergessenheit zu geraten schien. Die Rasse wurde in den Regionen Ripoli, de Berga und Pallars, nicht weit entfernt der Großstadt Barcelona, gegründet. Im neunzehnten Jahrhundert sind etwa sechshundert Katalanen-Esel beiderlei Geschlechts in die Vereinigten Staaten von Amerika exportiert worden. Dort haben sie eine Art namens „Kentucky-Esel" initiiert.

Hier der Kopf einer Katalanen-Eselstute.

Der größte Esel der USA, dort „Mammoth Jack Stock" genannt, ist aus Kreuzungen mit Katalanen-Eseln entstanden. Zurzeit werden etwa einhundert Katalanen-Esel an der spanisch-französischen Grenze gehalten. 1976 hat man versucht, zwanzig Pyrenäen-Eselinnen mit dem Katalanen-Hengst „Compagnero" zu kreuzen, der aus dem Gestüt von l'Hospitalet de Llobregat stammte. Das missglückte, da die Stuten zu alt waren.

Der Standard der Katalanen-Esel

Größe in Widerrist-Stockmaß ab 1,35 m. Gewicht 350 bis 450 Kilogramm. Eleganter Kopf mit geradem bis konkavem Profil und langen Ohren (38 cm bis 42 cm). Starker Hals, gut angesetzt. Gerade eben sichtbarer Widerrist, gerader Rücken, eckige Kruppe. Runde Rippenbögen, stämmiger Bauch, länglicher Rumpf. Starke Gliedmaßen, 18 cm bis 22 cm Röhrbeinumfang. Leicht fallende Schultern. Fellfarbe ausschließlich dunkel, heller Hof um die Augen, Mehlmaul, helle Innenseiten der Gliedmaßen, Unterbauch hell. Sommerfell wie geschoren kurz. Das Stirnhaar ist gelegentlich rötlichbraun. Lebhaftes Temperament, schnell in seinen Reaktionen. Ein Katalanen-Esel bleibt meist eher dünn, er ist sehr schwer fett zu füttern.

„...starker Hals, Unterbauch hell..."
So soll ein Katalanen-Esel aussehen.

Dieser Martina Franca-Esel könnte nicht ganz reinrassig sein.

Martina Franca

Das ist eine italienische Eselrasse, die seit etwa 1900 über ein Zuchtbuch verfügt. Sie ist in der Region Apulien (Provinzen Bari, Brindisi, Foggia, Lecce und Tarente) beheimatet. Die Rasse gerät wie viele andere leider zunehmend in Vergessenheit. Zurzeit gibt es erhebliche Anstrengungen, sie vor dem Aussterben zu bewahren. Die Food and Agriculture Organisation (FAO, eine Unterorganisation der Vereinten Nationen, UNO) hat den Martina Franca-Esel in die Liste der vom Aussterben bedrohten schützenswerten Haustiere aufgenommen.

Wie beim ebenfalls geschützten französischen „Baudet du Poitou" werden leider oft Esel unter dem Namen Martina Franca angeboten, die ihn nicht tragen dürfen. Solcher Handel ist strafbar. Alle Martina Franca-Esel müssen die offiziellen italienischen Staatspapiere haben, wie der Poitou-Esel die französischen. Die Rasse Martina Franca wurde nach Bulgarien exportiert. Dort gibt es keine Eselrasse. Es wurden Kreuzungsesel produziert, die zurzeit vor allem in Norddeutschland unter dem Etikett „Bulgarischer Riesenesel" gehandelt werden.

Der Standard für den Martina Franca-Esel
Widerrist-Stockmaß bei Hengsten von 1,40 m bis 1,50 m, bei Stuten von 1,35 m bis 1,45 m. Fellfarbe sehr dunkles Braun bis Schwarz, langhaarig, immer mit helleren Stellen im Fell oder helleren Haarspitzen. Bauch, Innenseiten der Schenkel und Maul sind grau. Die Zungenschleimhaut ist rosa. After, Vulva, Hodensack und Vorhaut sind schwarz. Der Kopf ist nicht so schwer, hat lange Ohren, die an der Basis breit und innen sehr behaart sind. Der Hals ist besonders bei den Hengsten sehr dick. Die Brust ist lang und muskulös, die

Schulter gerade und fallend, der Brustkorb ist gut entwickelt. Die Rückenlenden sind lang, breit, muskulös und gerade oder leicht gesattelt. Der Rücken ist breit, rundlich und muskulös. Der Schweif ist gut angesetzt und hat langes Haar. Die Gliedmaßen sind kräftig mit robusten Röhrbeinen, bei erwachsenen Hengsten (drei bis vier Jahre) von 10 bis 21 cm Umfang, es gibt Exemplare, die einen Röhrbeinumfang von 23 bis 24 cm erreichen. Die Fesselbeine sind sehr kurz, die Hufe sehr fest. Der Esel ist im Ganzen harmonisch und ausgeglichen und hat ein lebhaftes Temperament, besonders die Hengste, aber einen fügsamen Charakter.

„... lebhaftes Temperament" schreibt der Standard für Martina Franca-Esel vor.

Provence-Esel

In der Literatur, in Liedern und Sprichworten der südfranzösischen Region Provence spielt der Esel eine große Rolle. Seit mehreren hundert Jahren wird in den Alpes-Maritimes, im Gard, im Var, den Bouches-du Rhone, der Vaucluse, dem Drome und den Hautes-Alpes eine spezielle Rasse gezüchtet und für Arbeiten in der Landwirtschaft eingesetzt. Heute findet man die Esel auch in der Ardeche, wo sie Touristen als Packtiere bei Wanderungen dienen. Der Provence-Esel ist grau und hat ein dunkleres Rücken- und Schulterkreuz. Aber: Nicht jeder graue Esel mit einem dunkleren Fellkreuz ist ein Provence-Esel!
Ende des neunzehnten Jahrhunderts gab es noch dreizehntausend Exemplare der Rasse. Durch zunehmende Motorisierung auch der südfranzösischen Landwirtschaft, den Einsatz von Hubschraubern

> **Info**
>
> *Anspruchslos und arbeitswillig*
>
> Der Provence-Esel gilt seit Jahrhunderten als ein sehr anspruchsloser, robuster, starker, leicht zu erziehender und arbeitswilliger Esel.

zur Überwachung der riesig gewordenen Schafherden zur industrialisierten Massenproduktion von Käse für den internationalen Markt und dem damit verbundenen Rückgang des Hochweidebetriebes und der Wander-Schäferei geriet dieser Esel in Vergessenheit, die Zucht nahm ab. 1993 existierten nur noch 330 Exemplare auf der ganzen Welt. Das alarmierte Züchter, Liebhaber und die französische Regierung. Das Landwirtschaftsministerium stellte den Provence-Esel administrativ und juristisch unter Aufsicht. Am 18. Dezember 1995 wurde der erste Zuchthengst von einem Staatsgestüt für das weltweite Rettungsprogramm amtlich anerkannt. Der Rassename war geschützt.

Zurzeit gibt es etwas mehr als dreihundert Provence-Esel – im deutschsprachigen Raum gibt es kein einziges Exemplar. Leider muss sich diese Rasse gegen inzüchtige Vermehrung von Amateuren stark zur Wehr setzen. Oft werden graue Esel mit Rückenkreuz unter dem Rassenamen unwissenden Interessenten zum Kauf angeboten, die in Wirklichkeit Bastarde sind. Das ist strafbar. Nur Tiere, die im staatlichen Zuchtbuch verzeichnet sind, eine elektronische Markierung unter der Haut tragen und über amtliche französische Staatspapiere verfügen, dürfen den Namen Provence-Esel tragen. Das neue Zuchtbuch wird seit 1995 in Uzes geführt.

> **Info**
>
> *Lastenträger und Hütetier*
>
> Der Provence-Esel ist lange Zeit für die Weidewirtschaft eingesetzt worden und hatte eine wichtige Rolle als Transport- und Hütetier beim Almabtrieb. Der Esel gilt als ebenso gutes Hütetier wie der Schäferhund. Sein Hör- und Geruchssinn sind außergewöhnlich gut. Er warnt Schafe und Schäfer vor Gefahren durch wilde Tiere, durch abrutschende Hänge, vor Wasser und Dieben. Er verteidigt die Herden vor angreifenden Wildtieren und fremden Menschen. Sein Sozialgefühl ist so stark ausgeprägt, dass er Herden zusammenhält und verlorene Tiere einkreist, um sie der Gruppe wieder zuzuführen. Zusätzlich zu den Möglichkeiten eines Schäferhundes, der dieselben Aufgaben erledigen kann, ist der Esel dazu in der Lage, Salz für die Schafherden und landwirtschaftliches Material sowie das Gepäck für die Schäfer zu tragen.

Der Provence-Esel ist ein hervorragender Lastenträger und wird für die Weidewirtschaft in bergigen Regionen eingesetzt.

Der Standard des Provence-Esels

Widerstandsfähiger, starker Esel mit harten Knochen. Geduldig und ruhig, leicht zum Reiten, Fahren und Tragen zu erziehen. Größe für erwachsene Tiere (ab dem vollendeten vierten Lebensjahr) in Widerrist-Stockmaß: mindestens 1,20 m bis höchstens 1,33 m für einen Hengst, 1,17 m bis 1,30 m für eine Stute. Fellfarbe taubengrau, kann von sehr hellen bis zu ganz dunklen Farbschlägen variieren, gelegentlich darf sie etwas ins Rostbraune gehen. Unbedingt muss das ganze Jahr über in Sommer- und Winterfell ein dunkleres Fellkreuz über Rückgrat und Schulter gut sichtbar sein. Die verschiedenen Grautönungen müssen uni sein. Nicht erlaubt sind die Farben rot, rotbraun und weiß. Starker, trockener Kopf, gut am Hals angesetzt. Die große geradlinige Stirn endet in einer runden Nase. Die Augen sind meist weiß umrandet, das Lippenende ist normalerweise weiß, gelegentlich rostfarben beschattet. Lange Ohren. Fallende Mähne. Starke und harte Gliedmaßen, die mehr oder weniger stark ausgeprägte zebrule Streifen tragen dürfen. Häufig ist mindestens ein Streifen diagonal an den hinteren Gliedmaßen auf der Höhe der Vorderhand zu sehen. Die Hufe sind für einen Esel recht groß, gut zum Laufen und Beladen geeignet. Gerader Rücken, große Kruppe, starke Hinterhand.

Normannen-Esel

Diese alte Eselrasse ist erst vor Kurzem wieder anerkannt worden. Über ihre Geschichte wird noch geforscht, die Tradition ist fast nur mündlich überliefert worden. Ihr Ursprung ist die nordfranzösische Normandie. Die Rasse gilt als die nördlichste Eselrasse der Welt. Der Name ist geschützt, das französische Landwirtschaftsministerium hat das von alten und neuen Züchtern rekonstruierte Zuchtbuch Anfang 1994 anerkannt.

Der Standard des Normannen-Esels

Ausgewachsene Tiere ab dem vollendeten vierten Lebensjahr müssen eine Größe in Widerrist-Stockmaß von minimal 1,20 m für Hengste und mindestens 1,15 m für Stuten haben. Die Fellfarbe ist mausgrau bis bräunlich mit einem dunkleren Rückenkreuz und Aalstrich. Der Esel darf zebrule Streifen an den Gliedmaßen haben, das ist aber nicht vorgeschrieben. Der Schwanz muss dieselbe Farbe wie das Körperfell haben. Der Bauch, Innenschulter, Achseln und das Innere der Gliedmaßen sind grauweiß. Der Kopf ist geradlinig, gut am Hals angesetzt mit mittelgroßen offen Ohren (die Hälfte der Gesichtslänge). Mehlmaul, das bis zur Mitte der Nase reichen darf, gelegentlich rötlich umrandet. Lebendige Augen mit grauweißer brillenartiger Umrandung, die ebenfalls gelegentlich rötlich umrandet ist. Gut ausgeprägte Augenbögen. Starker Hals mit stehender oder fallender Mähne. Offener Brustkorb. Starke Knochen, fallende oder leicht rundliche Kruppe. Solide Gliedmaßen.

Aufbau der Rasse

Zum Aufbau der Rasse und deren Schutz vor dem Aussterben sind zunächst Kreuzungen zugelassen, die zur Blutauffrischung notwendig sind. Sie werden in ein „B-Buch" eingetragen. Dafür werden Eselstuten angenommen, die den gesamten beschriebenen Standard perfekt erfüllen außer der Größe, aber sie müssen mindestens ein Stockmaß von 1,10 m aufweisen. Kleinere Stuten werden ausgeschlossen. Ebenfalls ins „B-Buch" aufgenommen werden Stuten, die alle Anforderungen des Standards erfüllen, aber einen graubraunen Unterbauch haben, der jedoch heller sein muss als die übrige Fellfarbe. Graue Esel werden grundsätzlich ausgeschlossen. An männlichen Eseln werden ins „B-Buch" nur diejenigen aufgenommen, die sämtliche Standardanforderungen perfekt erfüllen, aber nicht das Mindestmaß, aber mindestens 1,15 m erreichen.

Bei dieser Normannen-Eselstute kann man die graue Umrandung der Augen und das rassetypische Mehlmaul gut erkennen.

Cotentin-Esel

Das französische Departement de la Manche verfügt über eine Eselrasse, deren Geschichte fast ein Jahrtausend weit zurückreichen soll. Die zoologisch-historischen Forschungsarbeiten dauern noch an. Der Cotentin-Esel ist ein außergewöhnlich kräftiges Arbeitstier. Die Rasse ist vom Landwirtschaftsministerium in Paris anerkannt, ihr Name geschützt. Das Zuchtbuch wird zurzeit aufgebaut. Inzwischen sind zum Zeitpunkt des Drucks dieses Buches über 60 Cotentin-Hengste zur Zucht zugelassen, die mehr als 300 Stuten decken. In Frankreich gibt es über 200 eingetragene und amtlich anerkannte Züchter von Cotentin-Eseln, denen man eine große Zukunft voraussagt.

Der Standard der Cotentin-Esel

Größe in Widerrist-Stockmaß für erwachsene Tiere ab dem vollendeten vierten Lebensjahr bei Hengsten mindestens 1,25 m, für Stuten minimal 1,15 m. Fellfarbe aschgrau bis bläulich mit dunklem Rückenkreuz und Aalstrich, mit oder ohne zebrulen Streifen an den Gliedmaßen. Der Schwanz muss dieselbe Farbe haben wie das Fell. Der Unterbauch muss grau sein, ebenso die Schulterfalten und die Innenseiten der Schenkel. Der Kopf ist geradlinig, gut am Hals angesetzt mit harmonisch proportionierten offenen Ohren, die halb so lang sind wie die Stirn. Ausgeprägte Augenbögen. Starker Hals mit stehender oder fallender Mähne. Offene Brust. Gerader Rücken mit fallender oder leicht gerundeter Kruppe. Starke Gliedmaßen mit ansprechender Beinstellung.

Kriterien für die Aufnahme in die Zuchtbücher

Bis zur Stabilisierung der vom Aussterben bedrohten Rasse werden zwei Zuchtbücher geführt. In ein B-Buch werden auch vom Standard leicht abweichende Tiere aufgenommen und zwar Stuten, die nur in einem einzigen Punkt vom „A-Buch"-Standard abweichen. Ausnahmsweise werden noch solche Stuten ins „B-Buch" aufgenommen, die ein Widerrist-Stockmaß zwischen 1,10 m und 1,15 m haben. Alle Tiere unter 1,10 m Widerrist-Stockmaß werden ausgeschlossen. Stuten, die das Mindestmaß erreichen und alle anderen Anforderungen des Standards erfüllen, aber keine graue Bauchunterseite haben, werden ausnahmsweise auch dann ins „B-Buch" aufgenommen, wenn sie eine graubraune Bauchunterseite haben. Tiere mit braunem Fell werden immer ausgeschlossen.

Der Cotentin-Esel ähnelt äußerlich sehr seinen wilden Vorfahren.

Hengste werden ins „B-Buch" nur dann aufgenommen, wenn sie alle Anforderungen perfekt erfüllen, aber nicht das Mindest-Stockmaß erreichen. Sie müssen auch dann mindestens 1,20 m groß sein, unter diesem Maß werden sie auch nicht ins „B-Buch" aufgenommen. Hengste mit einem unifarbenen Fell ohne Markierungen werden immer ausgeschlossen. Nach Entscheidung durch eine Spezialkommission des Zuchtbuches können Esel ausnahmsweise ins Zuchtbuch aufgenommen werden, wenn die Kommission die vorgeführten Tiere für den Erhalt der Rasse der Cotentin-Esel für besonders wichtig sieht. Charakter und Herkunft müssen angemessen sein. In jedem Fall dürfen so vorgeführte Tiere nur ein einziges der folgenden Standard-Merkmale nicht erfüllen: Schwanz, Kopf, Maul, Augen, Hals, Brust, Rücken, Kruppenform, Gliedmaßen.

Info

Streit um den Titel „Größter Esel der Welt"

Als der „Cousin" des Pyrenäen-Esels wird der Katalanen-Esel angesehen. Beide Rassen machen gelegentlich dem Poitou-Esel den Titel „Größter Esel der Welt" streitig. Der Grund wird darin gesehen, dass im Zuchtbuch des Poitou-Esels ein maximales Maß für die Widerrist-Höhe festgeschrieben ist, für den Katalanen- und den Pyrenäen-Esel aber nicht. Fachleute sind heute der Meinung, dass Katalanen- und Pyrenäen-Esel, die das Poitou-Esel-Maß von 1,50 m Widerrist-Höhe übersteigen, vom Menschen mit Kunstgriffen hochgezüchtete Tiere sind. Darum wird zoologisch befürwortet, auch für die Rasse der Katalanen- und der Pyrenäen-Esel ein Höchstmaß einzuführen, das unter dem für die viel kräftigeren Poitou-Esel liegen sollte.

Pyrenäen-Esel

Das ist gemeinsam mit dem Poitou-Esel die einzige Rasse, mit der seit dem neunzehnten Jahrhundert in Frankreich Maultiere erzeugt worden sind. Der Pyrenäen-Esel wurde in der südwestfranzösischen Region Les Landes, in der Cerdange und später auch im spanischen Katalonien als Tragtier eingesetzt. In den Pyrenäen transportierte er wie der Provence-Esel in den französischen Alpen für die Wanderschäfer unter anderem neugeborene Lämmer, aber auch Kühleis und Mist für die Bewohner anders nicht erreichbarer Täler der Pyrenäen. Die französischen Staatsgestüte nutzten den Pyrenäen-Esel zu früheren Zeiten zur Erzeugung von Maultieren. Zurzeit schätzt man den Bestand für das Zuchtbuch auf etwa einhundert Tiere. Der Begründer der international bekannten Maultier-Schule in La Bastide-de-Serou in der Ariege, Monsieur Olivier Courthiade, ist Initiator der staatlichen Wiederanerkennung dieser Eselrasse, die derzeit vor allem als Tragtier im Gebirge eingesetzt wird. Im Gers hat sich das südlich des Ortes Auch gelegene „Institut Saint-Christophe" (ein Internat mit 660 Schülern) als weiterer professioneller Verfechter der Rettung des Pyrenäen-Esels etabliert. Das Internat ist als Institution in den professionellen Züchterverband aufgenommen worden. Dort werden fünfundzwanzig anerkannte Stuten mit einem staatlich anerkannten Deckhengst gehalten. Die Schüler sollen durch die Beteiligung am Rettungsprogramm für die Pyrenäen-Esel lernen, wie schwierig die Rettung einer aussterbenden Haustierart ist, um Engagement gegen das weitere Ausrotten von Tieren für eigennützige menschliche Interessen zu wecken.

Der Standard des Pyrenäen-Esels
Bei erwachsenen Hengsten ein Widerrist-Stockmaß ab 1,35 m, für erwachsene Stuten ab 1,30 m. Konvexes Profil. Feine, gut abgesetzte Gliedmaßen, gerade Beinstellung, gerader Rücken. Fellfarbe immer uni kurz und glänzend von Rotbraun über Dunkelbraun bis Schwarz, gelegentlich mit einem dunkleren Rückenkreuz und Aalstrich.

Bourbonen-Esel
Aktivitäten zur staatlichen Anerkennung dieser alten französischen Eselrasse waren erfolgreich. Seit 1990 wurden alle in Frage kommenden Tiere gesichtet, begutachtet und in ein vorläufiges Zuchtbuch einer staatlich kontrollierten Kommission aufgenommen. Im Allier in der Stadt Braize wurden die akzeptierten Exemplare ausgestellt.

Der Standard der Bourbonen-Esel
Größe in Widerrist-Stockmaß für erwachsene Tiere ab dem vollendeten vierten Lebensjahr für Hengste ab 1,25 m bis höchstens 1,35 m, für Stuten mindestens 1,18 m bis maximal 1,28 m. Fellfarbe zimt bis dunkelbraun, immer mit einem dunkleren Rückenkreuz versehen. Bauchunterseite grau bis grauweiß, langer Schweif in derselben Fellfarbe. Gerader Kopf mit proportional gut passenden Ohren, Augenränder und Maulspitze grau bis weißgrau. Kräftiger Hals mit stehender Mähne. Leicht hängender Rücken. Runde Kruppe, kräftig gebaute starke Gliedmaßen, gerade Füße, sehr sanfter Charakter.

Arten

Unter diesem Oberbegriff sollen hier diejenigen Eseltypen aufgeführt werden, die über eine Tradition verfügen und sich von anderen durch bestimmte Merkmale unterscheiden. Zum Teil gibt es Aktivitäten, diese Arten zu anerkannten Rassen werden zu lassen, zum Teil leider nicht. Außerdem fallen unter diesen Oberbegriff undifferenzierte Eselkreuzungen, die meist von gewinnorientierten Händlern, unkontrollierten Vermehrern und Laien unter einem Fantasie-Etikett vermarktet werden sollen. Das ist leider im deutschsprachigen Raum im Gegensatz zu anderen Ländern nicht strafbar. Zur besseren Unterscheidung ist dieses zweite Kapitel entsprechend untergliedert.

Typen

Mammoth Jackstock

Der nordamerikanische Esel- und Maultierzüchterverband (ADMS) hat bislang keine Aktivitäten eingeleitet, in den USA eine Eselrasse zu begründen. Er hat sich dazu entschieden, die Kreuzungstiere der Vereinigten Staaten in nicht anerkannten privaten Vereins-Listen zusammenzufassen und schlichtweg nach drei Größen zu sortieren. Die größte trägt den oben genannten Namen. In Nordamerika werden auch die von Tierschützern strikt als Qualzucht abgelehnten Verzwergungen von Tieren produziert, so auch Esel. Alle Esel zwischen Verzwergungen und dem Mammoth gelten als mittlerer Typ.

Der Mammoth ist, wie schon sein Name impliziert, ein sehr großer Esel. Leider siegt hier gelegentlich die dem American-Way-of-Life immanente weit verbreitete Gigantomanie über den Tierschutz und es entstehen Esel, die bis zu 1,70 m Widerrist-Stockmaß erreichen. Auch im übrigen äußeren Erscheinungsbild soll der Mammoth Jackstock nach dem Willen der Erfinder dem typisch amerikanischen Drängen nach einer bestimmten perfektionierten Ästhetik und einer nicht selten übersteigerten Vorstellung von Hygiene entsprechen. Nordamerikanern als unhygienisch erscheinende Langhaarigkeit musste bei den Eseln verschwinden.

Der Kreuzungsesel hat seinen Ursprung in etwa sechshundert Katalanischen Eseln, die im neunzehnten Jahrhundert aus Spanien importiert worden waren. Daraus entwickelte sich durch Vermehrung mit bereits gekreuzten Eseln von der Insel Malta und einigen ebenfalls importierten Poitou-Eseln (darunter der bekannte Hengst „Kaki") zunächst eine Art, der man einfach den Namen „Kentucky-Esel" gab, ohne dafür ein Zuchtbuch begründet zu haben. Durch weiteres Verkreuzen mit italienischen Eseln, Tieren aus Mallorca und dem spanischen Andalusien entstand ein sehr großer muskulöser Esel mit dem gewünschten, eher an ein Pferd erinnernden, rasiert aussehenden Kurzhaarfell und für einen Esel zu stark bemuskelter, gelegentlich fetter Kruppe.

Diesem Eseltyp gaben deren Erfinder den ungeschützten Namen „Mammoth" in Anlehnung an den katalanischen Urvater-Hengst, den sie mangels spanischer Artikulationsfähigkeit so umbenannt hatten.

Modische Schwankungen

Der „Mammoth Jackstock" hat in den USA einen Standard. Sein Erscheinungsbild ändert sich aber nach Zeitgeist und Käufer. Das scheint vor allem der Grund dafür zu sein, warum es keine Initiativen für die Einrichtung eines Zuchtbuches gibt. Die amerikanischen Eselproduzenten wollen sich nicht festlegen lassen, sondern ihre Produktion nach dem sich wandelnden Modegeschmack ihrer Käufer ausrichten können. Auch in Deutschland ordnet sich ein Verein dem modischen Geschmack der Eselhalter für seinen „Zuchtesel" unter. Das Tier hat sich den Vorstellungen des Menschen auch äußerlich unterzuordnen und zeitlich rasch anzupassen, damit es rentabel vermarktet werden kann. Zunächst wurde eine sehr dunkle, fast schwarze Fellfarbe mit weißen Flecken bevorzugt, heute werden andere Farbschläge favorisiert. Der Esel muss sein Äußeres dem sich wandelnden Zeitgeschmack und der Mode anpassen, die in der Szene der Maultierbesitzer gerade vorherrschen. Er wird in erster Linie als Decktier für Pferdestuten genutzt, um Maultiere zu produzieren.

Info

Vermarktung der Esel

Die Vermarktung der Esel erfolgt auf typisch amerikanische Art und Weise in entsprechend aufgemachten Inseraten von Magazinen und inzwischen sogar wie im Versandhandel per Internet.

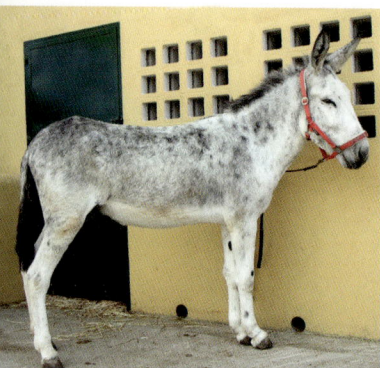
Der Andalusische Eselhengst Romero wartet vor seinem Stall.

Der moderne „Mammoth Jackstock" zum Zeitpunkt des Drucks dieses Buches muss in etwa so groß sein wie ein Zugpferd. Die beliebtesten Esel sind die Tiere, die mit allen erdenklichen Methoden auf möglichst über 1,50 m Widerrist-Stockmaß hochgetrieben und zu einem Gewicht von monströsen 480 bis 550 Kilogramm gemästet worden sind. Bei weiblichen Tieren gelingt das den Produzenten meist nicht.

Betsy Hutchins, die Präsidentin des US-amerikanischen Esel- und Maultierzüchterverbandes und Tierschützerin hat festgestellt, dass die unnatürlichen Monster-Esel „ein schlechtes Gleichgewichtsgefühl haben und in der äußeren Erscheinung nicht harmonisch wirken, ihre Qualität wird eher gering eingestuft". Sie plädiert dafür, dass die Vereinsliste nur noch Tiere mit einem maximalen Widerrist-Stockmaß von 1,42 m für Hengste und 1,34 m für Stuten aufnimmt und Abkömmlinge von monströsen Kunsteseln aus der Liste für die weitere Vermehrung gestrichen werden. Sie tritt für folgende weitere Standardmaße ein: 19 cm Röhrbeinumfang und 152 cm Körperumfang für Hengste, 17 cm Röhrbeinumfang und 147 cm Körperumfang für Stuten. Der Rücken muss kräftig und vor allem gerade sein. Auch sie misst den Standard der Esel ausdrücklich am Standard von Pferden. Die Kruppe soll lang und gut bemuskelt sein, ebenso Rücken und Brust. Die für einige Eselrassen typische Ramsnase lehnt sie strikt ab.

Andalusischer Esel

Dieser in Nordspanien beheimatete Typ ist wie alle anderen Rassen fast in Vergessenheit geraten. Es gibt leider erst seit kurzer Zeit private Aktivitäten, das alte Zuchtbuch zu rekonstruieren, der Standard ist noch nicht für die amtliche Wieder-Anerkennung festgelegt. Der Name bleibt ungeachtet dessen geschützt. Die Tiere sind den großen Katalanischen Eseln sehr ähnlich, haben dagegen meist Ramsköpfe und sind heller. Die Grundfarbe ist immer grau, es gibt auch leicht gescheckte Exemplare.

Bouchard-Esel

Unter dieser Bezeichnung werden in Frankreich Kreuzungsesel unbekannter Herkunft zusammengefasst, die alle eine einzigartige Besonderheit aufweisen. Sie haben im Unterschied zu allen anderen Eselrassen und -typen weder hellere Augenränder, noch hellere Mäuler oder Unterbäuche oder hellere Innenseiten der Gliedmaßen.

Sie sind uni schwarz bis extrem dunkelbraun. Über ihre Geschichte gibt es keine Literatur, manche Fachleute vermuten, dass einmal eine reinschwarze Eselrasse existiert hat. Zurzeit gibt es keinerlei Bestrebungen, ein Zuchtbuch zu rekonstruieren.

Gascogne-Esel

Diese alte Rasse wird seit 1929 in der Literatur erwähnt, ist aber von anderen existierenden Rassen nur schwer zu unterscheiden. Man weiß nicht, ob einmal ein Zuchtbuch existiert hat, es gibt zurzeit keine Überlieferungen, die es möglich machen, hier weiterzuforschen.

Im Hochgebirge der Pyrenäen, der Ariege, der Hochgaronne und dem Tarn wurde und wird dieser Esel zur Erzeugung von Maultieren und zur Arbeit in schwer zugänglichen Gebirgsregionen eingesetzt. Der Gascogne-Esel hat in einem privaten, nicht anerkannten Standard ein Widerrist-Stockmaß von 1,20 m bis 1,25 m, die Fellfarbe variiert zwischen dunklem Braun und Schwarz. Bauchunterseite, Maul und die Augenränder sind grau bis weiß, er hat sonst keinerlei Abzeichen.

Eine Stutenherde Andalusischer Esel, am Balken angebunden.

Ägyptischer Weißesel

Dieser Typ ist in Europa äußerst selten zu sehen. Er gilt als der beste Reitesel der Welt. Sein Ursprung soll im Nildelta gelegen haben, wo er heute noch von vielen Landwirten eingesetzt wird. In Afrika existierten niemals Zuchtbücher für Esel. Darum ist der Ägyptische Weißesel nie als Rasse anerkannt gewesen. Es gibt keine Bestrebungen, das zu ändern. Als ungefähre Standardisierung hat man folgende Beschreibung erkannt: Widerrist-Stockmaß für erwachsene Tiere 1,10 m bis 1,30 m, ausnahmslos reinweiße Fellfarbe ohne Abzeichen, gelegentlich eher hängender Rücken. Starker Bauchumfang. Sehr großer kantiger Kopf mit stehender oder fallender weißer Mähne.

Info

Albino-Esel

Albino-Esel (auch an roten Augen erkennbar) sind Tiere mit einer genetisch veranlagten Pigmentstörung und keine Weißesel!

Leonez-Zamorano-Esel

Dieser Typ ist seit sehr langer Zeit in der nordwestspanischen Region zwischen Leon und Zamora vermehrt worden, ein Zuchtbuch wurde nie geführt. Heute wird als Ursprung der Poitou-Esel vermutet. Clevere Spanier behaupten allerdings das Gegenteil: Der Poitou-Esel stamme von ihnen ab. Einen Beleg dafür können sie allerdings nicht liefern. Größe, Gewicht und äußere Erscheinung entsprechen auffallend den Poitou-Kreuzungseseln, allerdings gibt es vermutlich wegen der unkontrollierten Vermehrung auch andere Fellfarben. Die spanische Kreuzungsvariante ist meist etwas kleiner als der Poitou-Esel-Mischling und untersetzter. Es soll nur noch wenige Exemplare der langhaarigen Bastarde geben, die aussterben werden, da es kein Zuchtbuch gab.

Ragusana-Esel

Das ist eine alte italienische Eselrasse, deren Zuchtbuch in Vergessenheit geraten ist. Man weiß nicht, wie viele Exemplare noch existieren. Es gibt einen neuerlichen Versuch, ein Zuchtbuch zu rekonstruieren, dem nur wenig Aussicht auf Erfolg gegeben wird, da vermutlich inzwischen fast alle Exemplare unkontrolliert verkreuzt oder ausgestorben sind.

Pantelleria-Esel

Hierbei handelt es sich um eine weitere alte italienische Eselrasse, die als ausgestorben gilt, da ihr Zuchtbuch nicht ordentlich geführt wurde und inzwischen alle Esel unkontrolliert verkreuzt oder ausgestorben sind.

Malteser Esel

Dieser Typ ist nie kontrolliert gezüchtet worden. Die Mittelmeerinsel hat zu früheren Zeiten verschiedene Pferde und Esel importiert und daraus unkontrollierte Kreuzungen vermehrt. Die meisten Esel, die dort heute leben, sind mittelgroß, haben alle denkbaren Fellfarben, Kopfformen und andere Körpermerkmale.
Einige solche aus Malta in die USA importierten Bastarde sind zur Kreuzung des Typs „Mammoth Jackstock" herangezogen worden. Wenn eine Person in Deutschland einen Esel auf die Insel Borkum holt, entsteht dadurch ja auch kein „Borkum-Esel" als neue Rasse oder Art. Einige südeuropäische Inselnamen hat man für weitere Etiketten benutzt.

Korsischer Esel
Unter diesem Begriff werden alle Esel zusammengefasst, die auf Korsika unkontrolliert vermehrt wurden, eine Rasse, einen Standard oder ein Zuchtbuch gab es nie.

Sardischer Esel
Auch dieser Eseltyp beinhaltet lediglich eine sprachliche Zusammenfassung der auf Sardinien lebenden Kreuzungsesel.

Sizilianischer Esel
Unter diesem Begriff werden alle Esel zusammengefasst, die auf der Insel Sizilien leben, er stellt weder eine Rasse- noch sonst verifizierbare Typenbezeichnung dar.

Sorten

Bulgarischer Riesenesel
In Bulgarien gibt es keine Eselrasse. Die dort unkontrolliert verkreuzten Tiere haben ihren Stamm nach wissenschaftlichen Untersuchungen in Poitou-Eseln und Martina-Franca-Eseln, die jeweils mit aus Griechenland importierten Bastarden vermehrt wurden. Das falsche Etikett „Bulgarischer Riesenesel" ist vor allem durch einen norddeutschen Importeur verbreitet worden. Das Benutzen eines solchen falschen Etikettes ist in Deutschland nicht strafbar.

Deutscher Zuchtesel
Unter diesem Etikett hat ein deutscher Verein vergeblich versucht, die strengen Bestimmungen der Einrichtung eines Zuchtbuches mit einer juristischen Finte zu umgehen. Er behauptete wahrheitswidrig, dieser Name sei als „Warenzeichen" vom Deutschen Patentamt für den Verein geschützt. Wegen dieses bewussten Etikettenschwindels musste der betreffende Verein eine strafbewehrte Unterlassungserklärung im Wert von umgerechnet 5.000 Euro abgeben und alle Rechtskosten tragen. Zeitschriften- und Buchverlage, die die Vereinsbehauptung unkontrolliert übernommen hatten, mussten ihre Druckwerke zurückziehen oder korrigieren. In Deutschland gibt es kein Zuchtbuch für Esel und keine Eselrasse. Das Etikett „Deutscher Zuchtesel" darf von jedem Laien für jeden beliebigen Esel benutzt werden. Ein Qualitätsmerkmal ist diese Bezeichnung also nicht.

Deutscher Zwergesel
Bei diesem Etikett handelt es sich um einen weiteren Fantasienamen, den Händler zur Täuschung von Kaufinteressenten mit dem Ziel der Kaufpreiserhöhung einsetzen. Die Verzwergung von Tieren wird heute von allen Tierschutzverbänden als „Qualzüchtung" zu Recht abgelehnt, für ein Verbot wird gekämpft.

Holsteiner Mülleresel
Auch dieser Fantasiename ist von einem norddeutschen Vergnügungspark erfunden worden, der sich als „Züchter" bezeichnet, obwohl keine Anerkennung als landwirtschaftlicher Betrieb vorliegt. Das Etikett soll Kaufinteressenten die Existenz einer Rasse vortäuschen, die niemals existiert hat.

Holsteiner Riesenesel
Siehe „Holsteiner Mülleresel".

Irischer Scheckenesel
In Irland hat es zu keiner Zeit eine Eselrasse gegeben. Auch heute gibt es dort kein Zuchtbuch und keinen besonderen Typ. Die Insel dient vielen Händlern als billiges Einkaufsland für Bastarde, die nicht selten in Massentransporten aufs Festland verbracht und dann zu Discountpreisen verschachert werden.

Nessendorfer Hausesel
In diesem friesischen Dorf ist ein Vergnügungsbetrieb ansässig, der vorgibt, den Aufbau einer Eselrasse unter diesem Namen zu betreiben. Der Betrieb ist als landwirtschaftlicher Zuchtbetrieb nicht anerkannt. Nach Auskunft der zuständigen Behörden hat es in Norddeutschland niemals eine eigenständige Eselrasse gegeben.

Thüringer Waldesel
Auch unter diesem Etikett versuchen einige private Vermehrer Bastarde zu vermarkten.

Zwergesel
Das ist weder eine Rassebezeichnung noch ein Begriff für einen Eseltyp. Das Wort fasst die von Tierschützern zu Recht abgelehnten Esel-Verzwergungen zusammen. Meist durch genetische Deformation entstanden in Folge unkontrollierter Vermehrung und damit

verbundener Inzucht in Nordafrika und auf einigen Mittelmeerinseln, aber auch in Irland kleinwüchsige Tiere. In der ehemaligen DDR wurden solche Missbildungen oft in Kindergärten als lebende Spielzeuge gehalten. Auch in den USA sind Zwergtiere eine Modeware. Da Tiere keine Spielzeuge für Kinder sein dürfen, ist die Verzwergung von Eseln strikt abzulehnen. Tierfreunde kaufen keinen Esel unter einem Widerrist-Stockmaß von einem Meter.

Wildesel

Wer Haustiere artgerecht und naturnah halten und ihr Wesen verstehen will, muss sich mit den Wildformen der Vorfahren beschäftigen. Darum dürfen Wildesel in einem Buch über Esel als Haustiere nicht fehlen. Sie werden nicht von Menschen gezüchtet, darum gibt es keine Rassen. Sie sind nach einem international geltenden wissenschaftlichen Ordnungssystem in Arten und Unterarten gegliedert, die sich meist an den örtlichen Verbreitungsgebieten ausrichten.

Zurzeit gibt es im deutschsprachigen Raum kein Buch, in dem die Gliederung der Wildesel definitiv wissenschaftlich aufgelistet ist. Die weltweit beste Arbeit dazu ist meiner Ansicht nach 1992 von der Harvard-Zoologin Juliet Clutton-Brock verfasst worden.

Im Folgenden sollen die verschiedenen Ansichten der Wissenschaftler, soweit vorhanden, aufgeführt werden.

Einige Wildesel, die es fast nur noch in Zoos gibt, belegen durch „zebrule" Streifen die Nähe dieser Tierart zu den Zebras.

> **Info**
>
> **Nomenklatur umstritten**
>
> *Die Nomenklatur für Wildesel ist bis heute unklar. Der DDR-Wissenschaftler Professor Flade verwendet z. B. andere lateinische Namen als modernere Forscher und konzentriert sich auf die asiatischen Formen. Vielleicht hängen solche Unterschiede auch damit zusammen, dass DDR-Wissenschaftler sich bei ihren Forschungen auf die damaligen „Bruderstaaten" beschränken mussten und nicht die Reisefreiheit genossen wie z. B. ihre amerikanischen, englischen oder Schweizer Kollegen.*

Afrikanischer Wildesel (Equus asinus africanus)

Nach Clutton-Brock schossen noch im neunzehnten Jahrhundert europäische Großwildjäger aus Spaß am Töten in Afrika Esel. Das unsinnige und gedankenlose Abschlachten dieser Wildtierart durch die Europäer sei Hauptgrund dafür, dass der afrikanische Wildesel heute vom Aussterben bedroht ist. Es gibt drei Unterarten, die bei den meisten Wissenschaftlern als Urväter der heutigen Hausesel gelten. Die Geschichte ihrer Domestizierung ist kaum nachvollziehbar. Die meisten Knochenfunde reichen für einen Beweis nicht aus oder sind von schlechter Qualität. Felszeichnungen sind oft zweideutig. Sie könnten Pferde oder Esel darstellen. Bis heute berufen sich darum einige Naturwissenschaftler auf religiöse Erzählungen zum Beispiel in der christlichen Bibel. Solche unwissenschaftlichen Hinweise lehnen moderne Zoologen zu Recht strikt ab. In anderen Religionen der Welt gibt es andere Erzählungen. Einen Beleg dafür, welche richtig sind, kann es nicht geben.

Selbst modernste Technologie der Altertumsforschung reicht nicht aus, zu klären, wie einige Knochenfunde zeitlich korrekt einzuordnen sind und ob es sich um Reste von Wildeseln, Wildpferden, Hauseseln, feralen Eseln (verwilderte Hausesel) oder sogar Antilopen handelt.

Nubischer Wildesel

(Equus asinus africanicus africanicus Fitzinger)

Der erwähnte DDR-Wissenschaftler Flade nennt diese Unterart *„Equus asinus africanicus"*, er legt das frühere Vorkommen nach Nord- und Nordostafrika, stützt sich dabei aber nicht auf eigene Forschungen vor Ort, sondern auf alte Schilderungen Darwins (1809 bis 1882). Er gibt an, der Nubische Wildesel sei rötlichgrau und habe eine Widerristhöhe von 1,13 m bis 1,18 m, die Bauchunterseite und die Außenseite der Beine seien hell, er trage einen Aalstrich mit Schulterkreuz in dunklerer Farbe. An den Unterschenkeln und Röhrbeinen habe diese Eselart keine oder nur angedeutete zebrule Streifungen. Der Nubische Wildesel gelte als besonders robust, anspruchslos und anpassungsfähig. Der Nubische Wildesel sei ausgestorben.

Neuere Forschungen widersprechen dieser alten Beschreibung. Patricia Moehlmann von der Zoologischen Gesellschaft in New York wählt den lateinischen Namen „Equus asinus nubicus" für dieselbe Unterart, die noch in einigen hundert Exemplaren existiere.

Ob es diesen kleinen Esel interessiert, welche Vorfahren er hatte?

Bei meinen Exkursionen im südalgerischen Atakor-Massiv (Hoggar) und im Teffedest wurden der Beschreibung von Woehrmann entsprechende Tiere in vereinzelten Exemplaren, zu kleinen Gruppen zusammenlebend, gesichtet.

Info

Der Vorfahr des Hausesels

Nach Ansicht der Zoologischen Gesellschaft in New York und der Internationalen Naturschutzvereinigung IUNC (International Union for the Conservation of Nature) stammen vom Nubischen Wildesel alle europäischen Hausesel ab. Man schätzt heute den größten noch lebenden Bestand in Äthiopien und dem Sudan auf etwa dreitausend Exemplare. Nach Clutton-Brock wurden die Nubischen Wildesel noch Ende des zwanzigsten Jahrhunderts im vorigen Jahrtausend vom östlichen Sudan bis zum Roten Meer gefunden. Im antiken Ägypten seien sie Beutetiere der Jäger gewesen und hätten keine zebrulen Streifen, aber ein Schulterkreuz gehabt.

Sie messen im Mittel etwa 1,25 m Widerristhöhe, haben ein graues Fell, das nur sehr leicht ins Rötliche gehen kann, ein dunkles Schulterkreuz mit Aalstrich. Das Maul, der Bauch und die vordere Innenseite der Schenkel sind weiß. Der Nubische Wildesel hat nach Woehrmann eine Körperlänge von 1,35 m, sein Gewicht variiert zwischen zweihundert und zweihundertvierzig Kilogramm.

Somali-Esel (Equus asinus africanus somaliensis)

Flade nennt eine andere lateinische Bezeichnung als die modernen Forscher – *„Equus asinus somaliensis"*. Er beschreibt das Tier so: mausgrau, Widerristhöhe um 1,25 m bis 1,35 m. Maulgegend, Bauchunterseite sowie Innenseiten der Beine hell, Kopf dunkler gefärbt (grau) als der Körper, Querstreifung an den Unterschenkeln und Röhrbeinen, Aalstrich nur im Bereich der Schwanzwurzel sichtbar, das Schulterkreuz fehlt. Der Esel sei insgesamt „trockener" und eleganter als der Nubische Wildesel, aber empfindlicher gegenüber Feuchtigkeit und Kälte.

Die amerikanischen Wissenschaftler stellen fest, der Somali-Esel sei grau, habe ein Widerrist-Stockmaß von 1,15 m bis 1,30 m, immer dunkle zebrule Streifen an allen vier Gliedmaßen, eine schwarze

Somali-Esel haben eine graue Fellfarbe und Streifen an den Beinen. Sie sollen extrem schnell und gute Kletterer sein.

Info

Somali-Esel stehen unter Schutz
Noch heute werden Somali-Wildesel zum Verzehr des Fleisches und zur Herstellung von Medikamenten für den Menschen gejagt. Die für Landwirtschaft und Ernährung zuständige UNO-Unterorganisation FAO (Food and Agriculture Organisation) hat den Somali-Esel unter Schutz gestellt, ebenso die feralen und domestizierten Abkömmlinge dieser vom Aussterben bedrohten Tierart. Man versucht zurzeit, halbdomestizierte Nachfahren des Somali-Esels in einem Auswilderungsprogramm in Freiheit zu entlassen, um das völlige Ausrotten zu verhindern. Zum Schutz der Tiere läuft das Programm versteckt vor der Öffentlichkeit ab.
Die Esel leben noch in Somalia und der von Trockenheit geplagten und Kriegen zerrissenen Region Danakill von Äthiopien. Auch Clutton-Brock musste eine drastische Dezimierung der Somali-Esel durch die Kriege der Menschen in Somalia, Äthiopien und dem Sudan feststellen.

Mähne und weder einen Aalstrich noch ein Rückenkreuz. Er habe einen außergewöhnlich großen Kopf, die mittelgroßen Ohren seien immer von einer dunkelbraunen Bordüre geziert. Er galoppiere äußerst schnell und könne immense Fluchtgeschwindigkeiten erreichen. Der Somali-Esel sei im Gebirge ein hervorragender Kletterer. In der Savanne schlössen sich meist Gruppen von drei bis vier Tieren zusammen.

Der Sahara-Esel (Equus asinus africanicus atlanticus)
Dieses Wildtier wird auch „Atlas-Esel" oder „Algerischer Wildesel" genannt. Er wurde von Thomas 1884 entdeckt und gilt als ausgestorben. Ferale Abkömmlinge sind selten zu sehen. Flade kennt diese Unterart nicht. Deren Existenz ist jedoch durch Forschungen der IUNC belegt. Das Erscheinungsbild entsprach etwa dem des Nubischen Wildesels. Nach Angaben amerikanischer Wissenschaftler und Beobachtungen bei Exkursionen leben heute noch viele Unterart-Abkömmlinge in Afrika, die ihre zoologischen Gruppenbezeichnungen nach den Regionen tragen, wo sie gesichtet wurden: Air-Esel, Mauretanien-Esel, Sahel-Esel, Courma-Esel, Minianka-Esel, Yatenga-Esel und weitere. Im ariden Gürtel Nordafrikas leben verwilderte, halbdomestizierte und Hausesel dieser Gruppen. Zum Teil ist schwer feststellbar, ob es sich um verwilderte Tiere oder Haustiere handelt, da nicht klar wird, ob sie zu Nomaden gehören oder völlig frei leben.

Heuglin-Esel (Equus asinus africanus taeniopus)
Diese 1861 erforschte Wildesel-Art Afrikas ist ausgestorben. Flade nennt sie nicht. Clutton-Brock beschreibt das in der Sahara bis zur Küste des Roten Meeres lebende Tier als mit einem sehr ausgeprägten Schulterkreuz ausgestattet, kräftig, mit zebrulen Streifen, groß und mit auffallend langen, eher spitzen Ohren versehen.

Dollman-Esel (Equus asinus africanicus dianae)
Auch diese Unterart ist Flade unbekannt. Clutton-Brock ist nicht sicher, ob es sich um eine Wildform handelt oder um ferale Tiere. Sie ist erst 1935 entdeckt worden, kleiner und in mehr Farbschlägen vorkommend als die Nubischen oder Somalischen Wildesel und inzwischen ausgestorben. Eine Abart wurde 1903 auf der Insel Socotra am Horn von Afrika lebend beschrieben. Seitdem hat man von dieser Art nichts mehr gehört oder gelesen.

Info

Eselnutzung heute

Im Maghreb werden Esel heute noch weit verbreitet und alltäglich als die wichtigsten Arbeitstiere zum Tragen von Lasten, zum Reiten und Ziehen von Ackergeräten eingesetzt, ebenso im südwestlichen Afrika. Sie dienen auch als Produzenten von Dung und Milch sowie einiger Medikamente (für die abscheulicherweise meist Eselsblut nach einem „Aderlass" verwendet wird, was leider durch medizinische Sekten in Europa eine Belebung erfährt).

Asiatischer Wildesel

Diesen Wildesel gibt es nicht, da die Wildformen aus diesem Erdteil als „Halbesel" (Hemionen) bezeichnet werden. Nach Ansicht einiger Wissenschaftler könnte man ebenso berechtigt „Halbpferde" schreiben. Der lateinische Begriff hemionus stammt vom griechischen hemionos ab (hemi = halb, onos = Esel). An der noch gängigen Bezeichnung soll hier festgehalten werden, da sie am weitesten verbreitet ist. Die asiatischen „Halbesel" sind von Menschen gejagt worden, durch Zersiedlung ihres Lebensraumes sind sie fast ausgerottet.

Vera Eisenmann vom Französischen Museum für Naturkunde ist der Ansicht, dass die asiatischen Hemionen sowohl vom Pferd als auch vom Esel abstammen könnten. Patrick Duncan von der IUNC glaubt eher an eine Eselabstammung der Hemionen. Er hat acht Unterarten klassifiziert, die lokalen Diversifikationen nicht eingerechnet. Unstrittig ist, dass Hemionen noch heute in größerer Zahl als die afrikanischen Wildesel vom Schwarzen Meer bis an die Pazifikküste, von Anatolien bis Indien, leben. Der WWF schätzt den wild lebenden Bestand auf mehrere tausend Exemplare und die meisten Unterarten für akut vom Aussterben bedroht.

Mongolischer „Halbesel" oder Dschiggetai
(Equus hemionus hemionus)

Der deutsche Naturforscher Pallas hat 1775 erstmals ein solches Tier beschrieben. Damals sollen die „Halbesel" in Asien weit verbreitet in vielen Unterarten und regionalen Abarten gelebt haben. Ihre Herkunft ist bis heute umstritten. Das Tier lebt in semiariden Gebieten bis zu einer Meereshöhe von zweitausend Metern hauptsächlich in der Mongolei, wo es Dschiggetai genannt wird. Die Widerristhöhe liegt zwischen 1,20 m und 1,25 m. Es wiegt von 190 bis 360 Kilogramm. Die Fellfarbe ist fahl bräunlich gelb, heller im Winter, kann bis gelblich braun oder sandfarben gehen und sogar ein dunkles Ocker erreichen. Der Dschiggetai hat eine schwarze, sehr kurze Mähne, einen schwarzen schmalen Aalstrich und ein nur angedeutetes Rückenkreuz. Der Schwanz ist am Ansatz nackt und die Ohren sind viel kürzer als bei Eseln.

Der Dschiggetai ist von der IUNC auf die Rote Liste der bedrohten Wildtierarten gesetzt worden. In der Mongolei soll es zwar noch fünf- bis zehntausend Tiere geben, die dort allerdings auch noch gejagt werden.

Gobi-„Halbesel" (Equus hemionus luteus)

Diese weitgehend unbekannte Wildform ist 1911 von Matschie entdeckt worden. Mehrere tausend Exemplare sollen noch heute in der Wüste Gobi leben. Das Tier erscheint nicht in der Liste der bedrohten Tierarten, man vermutet den Grund dafür lediglich in fehlender Information über diese Unterart.

Indischer „Halbesel" oder Khur oder Zentralasiatischer „Halbesel" (Equus hemionus khur)

Diese Form lebt von Nordindien bis in die Mongolei. Sie hat eine Widerristhöhe von meist mehr als 1,25 m, ein äußerst kurzes, falbfarbenes Fell. Bauch- und Halsunterseite und die Schulterfalten sind weiß, die Einfärbung zieht sich fast bis zur Hälfte des Rumpfes hoch. Die Gliedmaßen sind nur an den Vorderseiten falbfarben, sonst weiß. Diese Farbe geht vom Mehlmaul unter dem Hals bis zu den Ohren, die an den Enden dunkelbraune Spitzen tragen, welche sich in einem Aalstrich fortsetzen, der aschweiß umrandet ist. Das setzt sich in der sehr kurzen stehenden Mähne fort. Der Schwanz ist auf der Unterseite grauschwarz und fast bis zum Ende nackt. Der Khur ist akut vom Aussterben bedroht, obwohl die letzte Schätzung zweitausend Exemplare erbrachte, die in einem Schutzgebiet leben. In der Thar-Wüste im indischen Radjastan, in der Umgebung von Jodphur nahe der pakistanischen Grenze sollen noch einige hundert Exemplare wild leben, ebenso im übrigen Nordwesten Indiens.

Onager, auch „persische Halbesel" genannt, gehören zu den Wildeseln. Hier eine Stute mit einem wenige Stunden alten Fohlen.

Eselrassen und -arten

Onager sind auch im Zoo zu finden. In der Stuttgarter Wilhelma lebt dieser.

Persischer „Halbesel" oder Onager
(Equus hemionus onager)

Dieses Tier ist bereits vor zweitausendfünfhundert Jahren in der Literatur erwähnt worden. Der griechische Historiker Herodot beschrieb die Tiere als kräftig und zähmbar für den Menschen. Das zweifelt neuerdings Clutton-Brock an. Im Krieg sollen Onager die Kampfwagen von Xerxes gezogen haben. In Nordpersien ist der Onager unter dem Namen Ghor oder Khar bekannt. Sein hervorstechendes Merkmal ist seine Schnelligkeit. Ein Onager erreicht eine höhere Fluchtgeschwindigkeit als ein Wildpferd, etwa siebzig Stundenkilometer. Menschen haben die Onager in der Natur durch Jagen und kriegerische Auseinandersetzungen fast ausgerottet. Man vermutet, dass die letzten Exemplare im Irak-Krieg geschlachtet und von Menschen gegessen wurden.

Auch im Iran sollen Onager seit alters her als Fleischlieferanten gedient haben, ebenso in Afghanistan. Einige europäische zoologische Gärten beteiligen sich an einem weltweiten Erhaltungszuchtprogramm. In einem Reservat in Israel wird versteckt vor der Öffentlichkeit eine Gen-Reserve der Tierart gehalten, die inzwischen etwa vierhundert Exemplare stark ist. Auch Saudi-Arabien und der Iran wollen sich am Rettungsprogramm beteiligen. Der WWF soll sich bei einer Auswilderungszucht engagieren, was offiziell nicht bestätigt worden ist. Äußerlich ist der Onager dem Khur ähnlich, hat etwas längere und dunklere Fellhaare. Für Überlieferungen, denen zufolge Onager schon im Altertum zur Zucht von Maultieren eingesetzt worden sein sollen, gibt es keine Beweise. Der Onager ist von der IUNC unter Schutz gestellt worden.

Tibetanischer „Halbesel" oder Khiang
(Equus hemionus khiang)

Dieses Tier lebt bis zu einer Höhe von viertausend Metern über dem Meeresspiegel auf einem Hochplateau in Tibet. Auch in China und Nepal soll es jeweils noch eine kleine Population geben. In strengen Wintern deckt der Khiang seinen Wasserbedarf dadurch, dass er Schnee aufnimmt. Im Herbst bildet er Fettpolster, die er im Gegensatz zu Eseln gut abbauen und damit als Nahrungsreserve für strenge Zeiten nutzen kann. Dadurch magert der Khiang bis zum Frühjahr stark ab. Fehlt ihm dieser Rhythmus in Gefangenschaft, besteht ein hohes Risiko, dass er wegen Überfettung stirbt. Die Lippen und sein Verdauungstrakt sind auf die harten Verhältnisse seines Abstammungsgebietes eingerichtet. Er kann äußerst harte und karge Nahrung aufnehmen und fast ohne Verluste leicht in Energie umwandeln, ist also den unwirtlichen Gegenden, in denen er lebt, sehr gut angepasst. Größe und Fellfarbe entsprechen etwa dem Khur. Der Khiang ist insgesamt rundlicher.

Turkmenischer „Halbesel" oder Kulan
(Equus hemionus kulan)
In den Gebieten Kasachstan und Turkmenistan sollen noch etwa siebenhundert bis zweitausend Exemplare dieser bedrohten Tierart leben, die seit 1941 in einem Reservat im turkmenischen Badkhyz geschützt wird. Nach dem Zusammenbruch der Sowjetunion ist das Tierschutzprojekt in Vergessenheit geraten. Der Kulan hat ein ähnliches Fell wie der Khur, ist etwas kleiner und zierlicher mit längeren Fellhaaren.

Syrischer „Halbesel" oder Hemip
(Equus hemionus hemippus)
Schon in der antiken griechischen Literatur wird diese Wildtierart erwähnt. Der Autor Xenophon beschreibt eine Gruppe, die er gemeinsam mit Straußen weidend am Ufer des Euphrat beobachtet habe. In den 1960er-Jahren wurden die letzten lebenden Exemplare von Menschen geschlachtet und gegessen. Das Tier hatte ein Widerrist-Stockmaß von etwas über einem Meter.

Südeuropäischer „Halbesel" (Equus hydruntius regalia)
Diese Tierart soll bereits im Holozän, also etwa vor einer Million Jahren, ausgestorben sein. Man vermutet, dass sie nicht nur im heutigen Südeuropa, sondern auch im heutigen Westasien gelebt hat.

ZEBRAS

Zebras sind den Eseln verwandter als Pferde, wie man durch neue Forschungen herausgefunden hat. Das betrifft vor allem ihr Verhalten. Wer das Verhalten auch der Hausesel heute verstehen will, ist gut beraten, Zebra-Gruppen in Freiheit zu beobachten. Wissenschaftler haben in vergleichenden Verhaltensforschungen an Wildequiden wesentliche Deckungsgleichheiten bei Eseln (bis hin zum europäischen Hausesel) und Zebras herausgefunden.

Dieser Grevy-Hengst zeigt deutlich, dass es verschiedene Zebras gibt (vergleiche mit der folgenden Seite!).

Zebras leben in Afrika und zählen zu den vom Aussterben bedrohten Tierarten. Europäische Großwildjäger und die Verdrängung der Tiere aus ihren Weidegebieten durch menschliche Besiedlung werden als hauptverantwortlich für die Bedrohung gesehen. Zebras sind nicht domestizierbar, aber es gibt unfruchtbare Kreuzungen mit Eseln und Pferden durch den Menschen, die Zebrule. Es würde den Rahmen dieses Buches sprengen, die Zebras zu beschreiben, darum seien sie hier nur als Abschluss der zoologischen Gliederung mit kurzer Beschreibung aufgelistet:

Grevyi-Zebra (Equus grevyi)

Widerrist-Stockmaß etwa 1,50 m, Körpergewicht 350 bis 400 Kilogramm. Auffallend breite, gerundete und dicht behaarte Ohren mit weißer Spitze. Stehende Mähne. Weiß mit schmalen schwarzen Streifen, an Hals und auf dem Rumpf senkrecht, auf dem Hinterteil in großen Bögen verlaufend, breiter Aalstrich, der von den Streifen weißlich abgesetzt ist. Bauchunterseite weiß ohne Streifen, an den Beinen schmale Querstreifen. Lebt am Horn von Afrika.

Steppenzebra (Equus burchelli)
Widerrist-Stockmaß 1,30 m bis 1,40 m. Gewicht zwischen 220 und 320 Kilogramm, kurze Ohren, stehende Mähne. Weißliche bis gelbliche Fellfarbe mit sehr breiten schwarzen Streifen, die bis unter den Bauch reichen. Längsstreifen auf der Kruppe. Kommt im südöstlichen bis südwestlichen Afrika vor.

Bergzebra (Equus zebra)
Widerrist-Stockmaß zwischen 1,20 m und 1,30 m. Gewicht etwa 270 Kilogramm. Eselähnliches Aussehen mit längeren und spitzen Ohren. Fellfarbe weiß oder gelblich mit auffallenden schwarzen Streifen, an Hals und Körper eng und schmal, an den Schenkeln schräg und breit. Auf der Kruppe wie ein Gittermuster verlaufende kurze schmale Querstreifen. Unterbauch weiß. Die Art **Hartmannsches Bergzebra** lebt nur noch im südlichen Namibia.

Quagga (Equus quagga)
Eine von europäischen Großwildjägern ausgerottete Zebra-Art, die es auch in zoologischen Gärten nicht mehr gibt. Das letzte lebende Exemplar wurde in Namibia gesehen. Nur 21 Quagga-Präparate soll es weltweit geben, darunter auch in Deutschland.

Steppenzebras werden auch Burchell- oder Böhm-Zebras genannt.

Eselrassen und -arten

Wandern mit Eseln

Packtierwanderungen

Beim Packtier handelt es sich um das älteste Transportmittel, das sich der Mensch geschaffen hat. Indianer haben Hunde mit Gepäck beladen, bevor sie das Pferd kannten, andere das Dromedar oder Lama. In Europa waren es Pferde, Maultiere, Maulesel und Esel, die als Packtiere zum Einsatz kamen.

Packing

Die Vereinigten Staaten von Amerika sind heute der Industriestaat mit der wohl noch am weitesten verbreiteten Praxis der Nutzung von Packtieren. Dort ist ein Wort gebräuchlich, das auch Eingang in den deutschen Sprachraum gefunden hat, weil die Nutzung von Packtieren bei uns mit einem kurzen Begriff nicht darstellbar ist: „packing".

Das „packing" ist, soweit wir heute wissen und durch geschichtliche Überlieferungen bekannt geworden ist, etwa vor siebenhundert Jahren entwickelt worden. Einer der ersten „packer" war der Mongole Dschingis Khan. Seine Nomaden waren ausgesprochen harte Burschen, die unerschrocken und vor allem sehr rasch ihre Standorte gewechselt und dafür besondere Jagd- und Reittechniken entwickelt haben, die heute noch bei verschiedenen Zirkus-Darbietungen nachgeahmt werden. Die große Geschwindigkeit, mit der sich die Mongolen fortbewegten, sowie die Tatsache, dass sie für den Transport von Ausrüstung, Material und Menschen jeweils speziell ausgewählte und ausgebildete Pferde und Maultiere nutzten, brachte ihnen hervorragende Erfahrung im „packing".

Etwa zweihundert Jahre nach der Ära Dschingis Khans brachten die Spanier die ersten Pferde und Maultiere in die „Neue Welt". Auch sie hatten im neu entdeckten Kontinent Amerika wie die Mongolen sehr viel Ausrüstung über lange Strecken in möglichst kurzen Zeiträumen zu transportieren. Wegen der hervorragenden Fachkenntnisse der Spanier über Pferde und der Einführung des Schießpulvers verwundert es nicht, dass die indianischen Ureinwohner Amerikas große Probleme mit den Eindringlingen in die „Neue Welt" hatten.

Von der Landung Cortez' 1519 bis Jim Brider's Trapper-Exkursionen in den Rocky Mountains sowie den Landnahmen der Trapper, Händler und weißen Pioniere im „Wilden Westen", wo die Indianer getötet und vertrieben wurden, spielte das „packing" eine bedeutende Rolle in der Entwicklung der Vereinigten Staaten von Amerika. Joe Beck, der Autor des in den USA sehr bekannten Buches „Pferde, Knoten und Bergtouren", schreibt, dass mehr Methoden und Ausrüstung durch die Spanier als durch alle anderen Landnehmer im „packing" eingeführt wurden. Bei alledem darf nicht vergessen werden, dass schon die Indianer Packtiere genutzt hatten. Sie hatten mit Hunden begonnen, die auf ihren Rücken Gepäck für die Menschen trugen. Manche Forscher glauben, dass die Indianer die eigentlichen Begründer der Nutzung von Packtieren gewesen seien.

Moderne Nutzung von Packtieren

Aus diesen verschiedenen Facetten hat sich nach heutigem Wissensstand die moderne Nutzung von Packtieren entwickelt. Packsättel, Packtaschen und viele andere Ausrüstungsgegenstände sind von Spaniern, Engländern und Franzosen nach Amerika und Europa gebracht worden. Selbst in unseren Zeiten des rasenden Straßen-, Pisten-, See-, Schienen- und Luftverkehrs kann in vielen Regionen der Welt auf die Fachkenntnisse für die Nutzung von Packtieren nicht verzichtet werden. In den großen Industrienationen werden Tiere fast nur noch für Freizeitzwecke eingesetzt. In einigen Gebieten Süd- und Osteuropas, in Afrika, Asien und Südamerika dagegen sind Tragtiere auch heute noch für die meisten Menschen unverzichtbare alltägliche Transportmittel.

In Marokko sind Esel oft das einzige Transportmittel.

> **Info**
>
> **Anforderungen an den Menschen**
>
> *Gleich welches Tier man als „Gepäckträger" nutzen möchte: Die Anforderungen an den Menschen sind dieselben. Der Erfolg einer Packtierwanderung hängt erst in zweiter Linie vom Tier ab. Je realistischer der Mensch seine eigenen Fähigkeiten und die des ihn begleitenden Tieres einschätzt, desto erfolgreicher wird das Vorhaben verlaufen.*

> **Wichtig!**
>
> **Erste Hilfe für Mensch und Tier**
>
> *Die meisten Unfälle lassen sich durch Vorsicht und Umsicht vermeiden, aber leider nicht alle. Darum muss ein Packtierwanderer über Kenntnisse in Erster Hilfe für Mensch und Tier verfügen.*

Anforderungen an Mensch und Tier

Wer eine Packtierwanderung unternehmen will, braucht eine gute körperliche und geistige Konstitution und Kondition sowie Kenntnisse
> im Führen und Packen des Tieres
> im Ernähren und Pflegen des Tieres
> in der Ausrüstung für Mensch und Tier
> in Erster Hilfe für Mensch und Tier
> im Umgang mit Karte und Kompass
> im Straßenverkehrsrecht des jeweiligen Landes
> im Naturschutz- und Tierschutzrecht.

Anforderungen an den Esel

Ein Packtier muss genügsam sein. Feinschmecker und heikle Futterverwerter sind ungeeignet. Nur ein Tier, das sich mit Appetit anspruchslos und ausreichend ernährt, wird zu einer guten Leistung fähig sein.

Vertrauen und Gehorsam

Der Packtierführer muss sich auf der Weide, im Stall, unterwegs, auf einem einsamen Waldweg und mitten im Straßenverkehr gleichermaßen auf sein Tier verlassen können. Die Grundlage dafür sind Vertrauen zwischen Mensch und Tier und ein gewisser Gehorsam des Packtieres dem Führer gegenüber, das Richtung, Gangart und Tempo nach dem Willen des Menschen ausrichten muss. Nur wenn Mensch und Tier Vertrauen zueinander haben, werden sie gemeinsam über weite Entfernungen und die meisten Schwierigkeiten hinweggetragen.

Das am besten für eine Packtierwanderung geeignete Tier ist folgerichtig das eigene Tier. Es kennt seinen Führer als Besitzer schon lange Zeit und hat sich vielleicht schon auf vielen Wanderungen bewährt. Die guten und weniger guten Eigenarten des Tieres kennt der Führer, er kann Reaktionen auch in unvorhersehbaren Situationen gut einschätzen, vielleicht sogar vorausahnen. Das gibt dem Menschen innere Sicherheit und bildet die Basis für das Vertrauen, das notwendig ist, wenn sich Mensch und Tier unterwegs aufeinander verlassen müssen. Wenn man nicht mit seinem eigenen Tier wandert, sollte man sich vorher mindestens einen Tag lang Zeit nehmen, einander gut kennenzulernen. Das gilt selbstverständlich auch, wenn man ein Tier mietet.

Erfahrung und Einfühlungsvermögen

Ein Packtierwanderer muss sein Tier sehr gut kennen. Er muss wissen, wie es sich auf der Weide, im Stall, im Straßenverkehr, im Gelände, allein, in Gesellschaft mit anderen Tieren oder Menschen und in normalen und außergewöhnlichen Situationen verhält. Diese Erfahrungen muss der Packtierführer persönlich und konkret gemacht haben mit exakt dem Tier, das er bei einer Wanderung einsetzen will. Er muss unterscheiden können, ob sein Tier ungehorsam oder einfach müde ist, wenn es sich verweigert und die individuell verschieden gelagerten Leistungsgrenzen kennen und akzeptieren – die seines Tieres und seine eigenen wohlgemerkt. Weitere Vorbedingungen sind Grundlagen im Kartenlesen und ausreichende Orientierungsfähigkeit in der Natur. Über Tierhaltung, die Rassemerkmale des Packtieres und dessen Temperament muss man informiert sein. Fehlen die Grundkenntnisse und Fähigkeiten, muss man ausfindig machen, wo diese erlernt werden können. Oft sind kleine Picknick-Touren in Begleitung eines erfahrenen Führers mit Packtieren hilfreich und bieten die Möglichkeit, mit dem Tier eine Einheit zu bilden.

> **Wichtig!**
>
> *Ruhe bewahren*
>
> *Es muss eindringlich davor gewarnt werden, zu glauben, dass man Freude an der Natur erleben kann, wenn man nur deswegen mit einem Packtier unterwegs ist, weil man nicht reiten kann oder Angst vor dem Aufsitzen auf Pferd, Esel oder Maultier hat. Zwar muss man für eine Wanderung mit Packtier nicht reiten, aber sein Tier wie beim Wanderritt in jeder Situation beherrschen können. Nur dann stellt man keine Gefahr für sich selbst und seine Umgebung dar.*

Bevor ein Esel als Packtier eingesetzt werden kann, muss er absolutes Vertrauen zu dem Menschen gewinnen, der ihn führen will. Das erfordert viel Zeit zwischen den beiden Partnern.

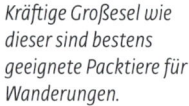

Kräftige Großesel wie dieser sind bestens geeignete Packtiere für Wanderungen.

Bedürfnisse des Tieres erkennen

Füttern und Tränken des Tieres haben auf einer Wanderung besondere Bedeutung. Der Packtierwanderer muss erkennen können, ob sein Tier appetitlos, erschöpft oder überfordert ist. Er muss wissen, wie man durch richtiges Benutzen von Material Schmerzen, Scheuern und Druckstellen vermeidet. Solche Kenntnisse kann man nicht allein durch ein Buch erwerben, intensives Üben mit dem Tier vor Beginn einer Wanderung ist unabdingbar.

Altersgrenze für Packtierwanderer?

Wer allen diesen Anforderungen genügen will, muss eine gewisse Lebenserfahrung haben. Daraus ergibt sich eine Altersgrenze für Packtierwanderer, die nach unten und nach oben durch die Komponenten charakterliche Reife, körperliche Leistungsfähigkeit und etwaige Gebrechlichkeit bestimmt wird. Nach meinen Erfahrungen sind Kinder unter zwölf Jahren für deren Eltern bei einer anspruchsvollen Packtierwanderung etwa im Hochgebirge nach zwei Tagen eher eine Belastung als eine Freude. Bei leichten Packtiertouren, vor allem in ebenen Regionen, können auch kleinere Kinder durchaus dabei sein. Die Verantwortung tragen immer die Erwachsenen. Ein Kind kann kein Tier führen!
Ab etwa dem zwölften Lebensjahr finden Kinder eine gewisse Befriedigung in der eigenen Zusammenarbeit mit Tieren. Dennoch können so junge Menschen fast nie die Verantwortung für ein eigenes Packtier 24 Stunden täglich übernehmen, sie müssen von erwachsenen Personen begleitet werden.
Jeder erwachsene Teilnehmer an einer Packtierwanderung sollte für nur ein Tier die Verantwortung tragen. Nehmen Minderjährige teil, so kann jeder zusätzliche Erwachsene jeweils bis zu zwei Kinder oder Jugendliche betreuen. Bei Gruppenwanderungen mit Tieren und Jugendlichen müssen mindestens so viele ausgebildete Erwachsene wie Tiere teilnehmen und für die Menschengruppe mehr Betreuer als gesetzlich vorgeschrieben anwesend sein.

Ausnahmen können professionell nach dem Kodex für die Nutzung von Maultieren und Eseln geführte Gruppenwanderungen mit Tieren sein, die dem Organisator gehören und gut ausgebildet sind.

Kurse und Prüfungen

Es gibt Wander-Trekking-Stationen, die Kurse und Prüfungen für das Wandern mit Packtieren anbieten. Welche Prüfung man auch abgelegt hat und über welches Zeugnis man verfügt: Das ist erst der Anfang und für den Praktiker nur als Zeichen dafür zu sehen, dass sich die Person bemüht hat, alle notwendigen Kenntnisse und Fähigkeiten zu erlangen. Der beste Lehrmeister ist die Praxis.

Ständig wechselnde Bedingungen

Eine Packtierwanderung unterscheidet sich von einem Spaziergang. Sie führt meist mehrere Tage lang von der gewohnten Weide und dem Stall des Tieres weg. An Ausdauer und Zähigkeit des Tieres werden hohe Anforderungen gestellt. Täglich viele Stunden ohne Rücksicht auf das Wetter sind große Strecken beladen zurückzu-

> **Tipp**
>
> **Ein Packtier soll**
> › *ausgewachsen sein,*
> › *zur Körpergröße des Führers passen,*
> › *körperlich vollkommen gesund sein,*
> › *insbesondere starke Gliedmaßen und gesunde harte Hufe haben,*
> › *gut ernährt und trainiert sein,*
> › *als Packtier ausgebildet sein,*
> › *guten Appetit haben und dennoch genügsam sein,*
> › *einen ausgeglichenen Charakter und ein ruhiges Temperament haben,*
> › *mit sicherem Schritt gehen,*
> › *Vertrauen zu seinem Führer haben,*
> › *im Straßenverkehr und bei Lärm nicht schreckhaft sein,*
> › *anderen Tieren und Menschen gelassen begegnen.*

Das gemeinsame Laufen muss vor einer Wanderung gut geübt werden.

Packtierwanderungen 165

legen in wechselndem Gelände. Der Boden kann jede Minute von weich zu hart wechseln. Steigungen wechseln mit Ebenen, Verkehrs- und Industrielärm wird von den für uns Menschen oft nicht wahrnehmbaren Sinneseindrücken abgelöst, die andere Tiere und Pflanzen beim Packtier wecken. Solchen Anforderungen ist nur ein Tier gewachsen, das ausgewachsen ist und einen stabilen Charakter hat, eine gute Allgemeinkondition besitzt und auf besonders gesunden Beinen und harten Hufen mit sicheren Schritten gehen kann. Niemals sollten Tiere als Packtiere eingesetzt werden, die dazu neigen, zu beißen, zu schlagen oder mit anderen Menschen und Tieren unverträglich zu sein. Ein ruhiges und ausgeglichenes Temperament und solides Vertrauen zu seinem Führer sind weitere Voraussetzungen, die an den Esel zu stellen sind.

Tierbegegnungen

In der Regel haben gut gezüchtete und erzogene Esel keine Angst vor anderen Tieren, die den Weg von Wanderern in Europa kreuzen könnten. Probleme entstehen eher dann, wenn die wandernden Menschen Angst vor fremden Tieren haben, was sich auf die Esel übertragen kann. Pferde fürchten sich oft vor Eseln und flüchten, werden nervös oder wollen ihr Revier gegen sie verteidigen. Ein so irritierter Esel kann unkontrollierte Bewegungen machen.

> **Wichtig!**
>
> **Erfahrene Esel**
> Das Packtier muss an Wind und Wetter gewöhnt sein, darf keine Scheu vor großen und kleinen Fahrzeugen, kreischenden Kindern, militärischen Tiefliegern haben und muss anderen Tieren wie Rindern, Schafen, Equiden, großen und kleinen knurrenden und kläffenden Hunden gelassen begegnen.

Esel für Packtierwanderungen sollten vorher an die Begegnung mit anderen Tieren gewöhnt werden.

Info

Menschen, Mountainbiker und Motoren

Mountainbike-Touristen, Skifahrer, knatternde Motorräder, Autos, Landmaschinen, Industriegeräte oder gar der infernalische Krach von militärischen Fahr- und Flugzeugen können auch den gelassensten Esel aus der Fassung bringen. Der Packtierführer muss in einer solchen Situation so viel beruhigenden Einfluss auf sein Tier ausüben können, dass es sich mehr an ihn hält, als auf die Gefahr zu reagieren. Bei Wanderungen in Gruppen mit Kindern haben die kleinen Menschen das Tier zu respektieren.

Überraschend heranrasende Hunde können gleiche Effekte hervorrufen. Jede unerwartete Bewegung des Esels birgt Risiken für Mensch, Tier und Ladung. Wenn also Tiere zu sehen sind, heißt es für den Packtierführer, sich besonders intensiv auf seinen Esel zu konzentrieren. Man versucht, die Reaktionen des Packtieres im Voraus zu erahnen. Einige Esel haben schlechte Erfahrungen mit anderen Haustieren, zum Beispiel Ziegen oder Schafen, gemacht. Sie neigen dann dazu, diese zu jagen. Vor allem männliche Esel verteidigen ihr Revier energisch. Wo Esel weiden, werden Füchse einen großen Bogen machen. Man sollte sich über die Kraft eines Esels unablässig im Klaren sein. Vertrauen ist die einzige Chance, sich Achtung zu verschaffen und das ist die unverzichtbare Voraussetzung für das, was wir Menschen als Gehorsam bezeichnen.
Wer auf einer Wanderung fotografieren oder filmen will, darf nicht um das Tier herumrennen, er muss ruhig und zügig der Gruppe voranlaufen und dann von vorne oder im Vorbeigehen Aufnahmen machen.

Langsam muss man Esel mit den Gegenständen vertraut machen, die man mitnehmen will.

Packtierwanderungen

Die Kondition muss bei Mensch und Tier aufgebaut werden. Dazu unternimmt man erst kleine Touren mit „leichtem Gepäck".

Leistungsbereitschaft und Kondition des Wanderers

Das Training darf nicht vernachlässigt werden. Ein Wandertag dauert sechs bis acht Stunden. Morgens, mittags und abends muss das Tier fachgerecht versorgt werden, hinzu kommt die eigene Versorgung. Insgesamt entsteht dadurch eine Belastung wie bei einem Arbeitstag mit zehn bis zwölf Stunden körperlich anstrengender Tätigkeit. Man muss daran denken, dass ein ungewohnt langer Aufenthalt an frischer Luft nicht nur hungrig macht, sondern auch ermüdet. Die Anforderungen an einen Packtierwanderer sind hinsichtlich Leistungsbereitschaft und Kondition sehr hoch. Dem muss man körperlich und geistig auch dann gewachsen sein, wenn ein Tag einmal zur Strapaze wird. Der Mensch darf seiner Ermüdung erst abends, nicht schon tagsüber während der Wanderung nachgeben. Alle Beteiligten müssen sich vorbereiten, um körperlich und nervlich in guter Verfassung zu sein.

Training mit dem Tier

Wer mit seinem Tier eine Wanderung machen möchte, muss nicht nur selbst körperlich fit sein, sondern gemeinsam mit seinem Partner Tier trainieren. Nur dadurch können die Schrittlängen aufeinander abgestimmt und ein angemessenes Tempo gefunden

Wichtig!

Verantwortung gegenüber dem Tier
Für den Menschen entsteht im Vergleich zum Tier eine zusätzliche Belastung, an die vorher oft nicht gedacht wird. Er trägt die Verantwortung für sein Tier, Tag und Nacht, vierundzwanzig Stunden. Das allein kostet schon viel Nerven und fordert Ausgeglichenheit.

werden, in dem man gemeinsam vorankommen wird. Nur bei gemeinsamen Übungswanderungen können Mensch und Tier Partner werden, die sich respektieren, miteinander harmonieren und sich verstehen.

Trainingsplan

Zur eigenen Überprüfung ist zu empfehlen, einen schriftlichen Trainingsplan auszuarbeiten. Wer nicht bereit ist, Zeit zu investieren, sollte von einer Packtierwanderung Abstand nehmen oder sich einer professionell geführten Gruppe anschließen. Aber selbst das schließt eine gewisse Konditionierung zuvor nicht aus, sonst wird man in der Gruppe nicht mithalten können. Für eine zweiwöchige Packtierwanderung sind mindestens sechs Wochen Vorbereitungszeit einzuplanen, besser mehr. Die Vorbereitung sollte ebenso gut geplant sein wie die Durchführung. Die einzelnen Stufen der Vorbereitung sollten schriftlich festgehalten und täglich selbstkritisch überprüft werden. Nur wenn die geplante Vorbereitung vollständig und erfolgreich absolviert worden ist, darf mit einer eigenständigen Packtierwanderung begonnen werden!

Der aufgestellte Zeitplan beinhaltet auch die eigenhändige komplette Versorgung des Tieres, selbst dann, wenn es in einem Pensionsstall untergebracht ist, wo es sonst von anderen Menschen versorgt wird.

> **Tipp**
>
> **Die richtige Vorbereitung**
>
> *Während der Zeit der körperlichen und nervlichen Vorbereitung sollte man sich noch fehlende Kenntnisse zur Fütterung und Pflege der Tiere und den übrigen beschriebenen Voraussetzungen aneignen, vorhandene wiederholen, vertiefen, überprüfen und vervollständigen. Keine der praktischen Übungen darf man sich von einer anderen Person abnehmen lassen, alles muss selbst geübt und trainiert sein. Das erfordert Zeit.*

Check: Trainingsplan

Wochentage:
- ☐ *Morgens Esel versorgen,*
- ☐ *anschließend eine Stunde trainieren*
- ☐ *Nach der Arbeit zwei Trainingsstunden mit dem Esel,*
- ☐ *danach Esel versorgen.*

Wochenende:
- ☐ *Zweitagestouren mit Packtier*
- ☐ *Anzahl der Ausrüstungsgegenstände steigern, bis das volle Gewicht erreicht ist.*
- ☐ *Handgriffe einüben.*

Info

Esel meiden Wasser
Äußerst wichtig und zugleich das Schwierigste ist es, Eseln beizubringen, dass Wasser nicht gefährlich ist. Als Wüstentiere kennen sie keine fließenden Gewässer. Unbekanntes ruft Skepsis bis Angst hervor, der Esel rührt sich nicht. Dieser Selbstschutzmechanismus hat schon viele ungeübte Packtierwanderer zur Verzweiflung getrieben und zur Aufgabe veranlasst. In jedem dieser Fälle fehlte das Vertrauen zwischen Mensch und Tier. Esel, die gelernt haben, ihren Führern zu vertrauen, folgen willig, selbst durch Wasser.

Hindernisse überwinden

Besonders gut eingeübt werden sollte von Mensch und Tier die Bewältigung ungewohnter Hindernisse. Auf einer Packtierwanderung müssen vermutlich Gräben überwunden, Hänge und Berge erklettert, Wasserlachen und fließende Bäche durchquert, Eisenbahnüberführungen gemeistert, Unterführungen genutzt, Brücken traversiert und Tunnel passiert werden. Das Einüben von Wandern auch bei Dämmerung und sogar in der Dunkelheit ist ebenso nötig. Besonderes Augenmerk muss darauf gerichtet werden, dass das Tier und der Mensch vollkommen verkehrssicher und geländetauglich sind, und das bei jedem Wetter!

Planung einer Packtierwanderung

Jede Packtierwanderung muss in ihrem gewünschten Ablauf lange vorher ausreichend geplant sein. Als Erstes ist die Entscheidung für den Ausgangsort, die Hauptrichtung und den möglichen Zielpunkt zu fällen. Dazu sind Straßenkarten untauglich. Man verwendet eine topografische Übersichtskarte im Maßstab 1: 200.000. Damit kann man feststellen, wie Ballungszentren zu umgehen, zu viele Steigungen zu vermeiden und die landschaftlich schönsten Gebiete einzubeziehen sind.

Orientierung im Gelände erfordert ein wenig Übung. Bevor man große Touren unternimmt, sollte man seine Fähigkeiten auf kleinen Wanderungen testen

Rücksicht auf topografische Gegebenheiten

Ist die grobe Richtung der Packtierwanderung festgelegt, plant man mit detaillierten Karten weiter. Für flaches Land kann man sich mit dem Maßstab 1: 50.000 zufriedengeben, für Gebirge ist unbedingt Kartenmaterial im Maßstab von 1: 25.000 erforderlich! Bei der Planung der Tagesabschnitte muss man auf die topografischen Gegebenheiten Rücksicht nehmen, die den Karten zu entnehmen sind. Für die Durchquerung eines Waldgebietes ist mehr Zeit zu veranschlagen als für eine offene Landschaft mit vielen geraden und ebenen Feldwegen. In offenem Gelände kommt man schneller voran, hier kann man sich durch Kirchtürme, Überlandleitungen, Waldränder, Bachtäler führen lassen. Gebirgspassagen kosten mehr Zeit als Flachland. Dicht besiedelte Regionen sind schwieriger zu durchqueren als einsames Gebiet.

Faustregeln für die Planung

Für die Planung gibt es einige Faustregeln, die als ungefähre Anhaltspunkte dienen können. Die Tagesleistung hängt dabei vom Gelände, dem Wetter, dem Zustand von Tieren und Menschen und der Art und dem Gewicht der Traglasten ab. Zur ungefähren Berechnung der etwa benötigten Zeit kann man folgende Tabelle nutzen:

4 km Entfernung nach Karte	= 1 Stunde zusätzlich für jeweils 400 Meter Höhenunterschied bergauf + 1 Stunde 300 Meter Höhenunterschied bergab + 1 Stunde.

Hier ein Beispiel: Die Länge einer gewünschten Strecke beträgt nach den in den Karten verzeichneten Maßen sechs Kilometer. Dafür werden eine Stunde und dreißig Minuten benötigt. Es sind auf diesen sechs Kilometern fünfhundert Meter Höhenunterschied bergauf zu bewältigen, dafür werden eine Stunde und fünfzehn Minuten zugerechnet. Zusätzlich sind vierhundert Meter Höhenunterschied bergab zu überwinden, dafür werden zusätzlich eine Stunde und zwanzig Minuten addiert. Das ergibt eine Gesamtzeit für diese Tagesetappe von rechnerisch vier Stunden und fünf Minuten.

Tipp

Orientierung via Karte oder GPS

Die Grundlagen des Kartenlesens und der Orientierung sind Voraussetzung für die Planung. Ihre Beschreibung würde den Rahmen dieses Buches sprengen. Dazu ist umfangreiche Fachliteratur erhältlich, eine Auswahl ist im Anhang aufgeführt. Die modernste Methode ist die Nutzung der Satellitennavigation. Sie erlaubt fast metergenaue Orientierung. Die dazu notwendigen technischen Geräte sind allerdings teuer, ihre Handhabung muss zuvor gut eingeübt werden.

Auf Umwege vorbereitet sein

Oft ist der kürzeste Weg nicht gleichzeitig der beste. Man entscheidet sich immer für die Strecke, von der anzunehmen ist, dass sie von den beladenen Tieren am leichtesten zu bewältigen sein wird. Wettervorhersagen und im Hochgebirge Lawinenwarnungen müssen berücksichtigt werden. Auch beim Kartenlesen muss man an die Tiere denken. Heute verfügbare Karten sind nämlich nicht für Packtierwanderer gemacht! So sind zum Beispiel auf den Schweizer Karten im Maßstab 1: 25.000 alle Wege in der Regel begehbar, die mit einer durchgezogenen Linie oder mit langen Strichen markiert sind. Kurzgestrichelte Linien kennzeichnen Wege, die nur im freien Gelände mit Packtieren nutzbar sind. Denn im Wald stehen auf solchen Trampelpfaden die Bäume oft so nah beieinander, dass kein bepacktes Tier dazwischenpasst. Die genauso markierten Wege sind dagegen in felsigem Gelände und oberhalb der Waldgrenze mit Packtieren begehbar. Allerdings kann es vorkommen, dass dort Felsen zu niedrig über den Weg hängen oder der Weg durch einen Fels für ein Packtier zu eng wird.

Plant man eine Wanderung in einer Region, die mit solchen auf Karten nicht eindeutig vorherzubestimmenden Gegebenheiten aufwarten kann, muss man so viel Zeit einplanen, dass große Umwege oder sogar umkehren möglich sind oder man fragt einen ortskundigen Führer um Rat. Aber selbst das bietet keine Garantie, denn schmale Gebirgswege ändern sich durch die jahreszeitlichen Wettereinflüsse oft rasch. Es ist auf jeden Fall zu empfehlen, sich für eine Packtierwanderung keinen zu strengen Zeitplan aufzuerlegen, sondern immer Zeitlücken zu lassen, die Umwege und Auf- und Abladen erlauben.

Der ideale Weg

Ein Weg ist mit einem Packtier begehbar, wenn die Steigung nicht größer als vierzig Prozent ist. Über den Wegrand hinaus sollten je nach Art der Last zwischen siebzig Zentimeter und einem Meter nach jeder Seite zum nächsten Hindernis Platz sein. Der Untergrund sollte ausreichend fest sein. Die Kehren der benutzten Wege sollten einen Radius von mindestens hundertfünfzig Zentimeter haben. Bei stufigem Gelände sollten die einzelnen Höhenunterschiede dreißig Zentimeter nicht übersteigen, die Stege nicht höher als vierzig Zentimeter sein. Geländer von schmalen Stegen sollten wegen der mitgeführten Seitenlasten nicht höher als siebzig Zenti-

---

Info

Der ideale Weg

Der ideale Weg für Packtiere ist breit, vollkommen eben in unbewohntem Land ohne Verkehr, Tiefflieger und andere Tiere, mit trockenem, nicht felsigem, aber hartem und dennoch etwas nachgebendem Untergrund bei moderater Lufttemperatur und geringer Luftfeuchtigkeit ohne Regen. Der ideale Weg für ein Packtier existiert also nicht.

Auf so breiten, trockenen Gebirgspisten wie hier im marokkanischen Atlas lässt es sich gut wandern. Hier sind Esel auch keine Seltenheit, oftmals sind sie sogar das einzig geländegängige Fortbewegungsmittel der Region.

meter sein. Lockerer Schnee darf nach Möglichkeit eine Tiefe von vierzig Zentimetern nicht übersteigen. Der Weg darf nicht vereist sein.

Diese Angaben sind ungefähre Erfahrungswerte und dürfen keineswegs als mathematische Richtwerte aufgefasst werden. Man kann schließlich Strecken nicht zuvor mit Metermaß und Winkel auskundschaften! Erfüllen manche Stellen eines Wegs einzelne der erwähnten Anforderungen nicht, lassen sie sich oft dennoch überwinden. Manchmal muss man die Packtiere bei schwierigen Passagen abladen, Schritt für Schritt führen, das Gepäck selbst in Einzelteilen zu einem Warteplatz des Tieres hinter der Passage bringen und wieder aufladen.

Info

Hilfe bei der Vorbereitung und Planung

Auch für Vorbereitung und Planung kann empfohlen werden, sich zum Einüben erst einmal einem professionellen Packtierführer in einer kleinen Gruppe anzuschließen. Aus seiner Erfahrung kann man unterwegs viel lernen. Das spart für eine spätere eigenständige Packtierwanderung nicht selten viel Zeit, Geld, Enttäuschung, Unmut und Kraft.

Packesel müssen oft rasten, um am besten frisches Gras als Nahrung vom Boden aufnehmen zu können.

Tagesziele planen

Wenn nach Karte und Berechnung des ungefähren Zeitverbrauchs die Strecke in etwa berechnet ist, sucht man sich mögliche Tagesziele aus. Anfängern ist sehr zu empfehlen, vor Beginn der Packtierwanderung die Übernachtungsquartiere zu buchen und für das Erreichen der Etappenziele mehr Zeit einzuplanen, als nötig erscheint. Geübte Packtierwanderer oder bereits eingespielte kleine Gruppen haben nach einiger Erfahrung die Möglichkeit, die notwendigen Karten zu beschaffen und sich unterwegs Zufall und Laune zu überlassen.

Sie können auch in der freien Natur zwei bis drei Stunden vor Einbruch der Dunkelheit ihr Quartier aufschlagen, wo es erlaubt ist. In jedem Fall gilt: Wer ein festes Ziel für den Tag anpeilt, wandert, wie das Wort sagt, zielstrebiger. Mit einiger Erfahrung kann man sein Quartier auch telefonisch von Tag zu Tag im Voraus organisieren. Zum Beispiel ruft man im Gasthaus des anvisierten Ortes tags zuvor an und fragt nach Betten. Dann erkundigt man sich nach Nachbarn mit Scheunen oder Ställen oder einem Weideplatz für sein Tier. Oft helfen die Zimmervermieter schon aus wirtschaftlichem Interesse bei der Vermittlung einer Unterkunft für das Tier gern weiter. Vorsicht ist angebracht. Manche Zimmerwirte sind gewohnt, alle Strecken mit dem Auto zurückzulegen. Ohne schlechte Absicht können solche Menschen Scheunen oder Ställe empfehlen, die so weit vom Gasthof entfernt liegen, dass sie für den Packtierwanderer zu Fuß gar nicht erreichbar sind.

Packen, Beladen und Führen

Die Handhabung eines Packtieres vor Beginn einer Wanderung ist mit fünf Stichworten zu kennzeichnen: Kontrolle, Pflege, Packen, Beladen und Führen.

Den Zustand des Tieres kontrollieren

Die Kontrolle bezieht sich auf den äußeren Zustand des Tieres. Dabei genügt ein kurzer Blick nicht. Alle Merkmale eines gesunden Esels wie auf S. 57 f. und 176 beschrieben müssen gegeben sein. Beim Abholen von der Weide oder aus dem Stall ist besonders auf den Gang zu achten. Jede Auffälligkeit, das leichteste Lahmen bzw. klammes Gehen müssen zwangsläufig dazu führen, die Ursache zu erforschen, die restlos behoben sein muss, bevor das Tier eingesetzt wird. Werden Defekte an Hufsohle, in der Lamina („weiße Linie") oder gar an der Hufwand festgestellt, sind diese erst zu beheben, bevor weiterverfahren wird. Nur dann, wenn es sicher ist, dass etwa vorhandene kleine Defekte die hundertprozentige Einsatzfähigkeit des Tieres in den kommenden Tagen auch bei Belastung mit Gepäck nicht beeinträchtigen werden, darf das Tier genutzt werden. Beim Ausräumen der Hufe sind alle, auch die kleinsten Steine und Holzstücke zu entfernen, die sich langsam und beim Tragen von Last wegen des stärkeren Drucks auf den Huf rasch ins Innere des Hufes vorarbeiten können.

> **Tipp**
>
> *Infrastruktur beachten*
>
> *Für Quartiere außerhalb der freien Natur ist die Größe eines angesteuerten Ortes nicht so entscheidend wie sein landwirtschaftlicher Charakter. Auch diese Informationen sollte man sich vor Beginn der Packtierwanderung besorgen. Es gibt Dörfer, in denen viele Höfe noch in Betrieb sind oder viele Scheunen leer stehen. Dort sind Übernachtungsquartiere für Mensch und Tier leicht zu finden. Es gibt kleine Siedlungen, die reine Feriendomizile geworden sind. Dort wird man mit einem Tier keine Unterkunft finden. Ideal sind kleine Dörfer, in denen noch landwirtschaftliche Betriebe existieren, die leicht erreichbar und landschaftlich schön gelegen sind.*

Zur Vermeidung von Irritationen und Verletzungen der Haut sollte das Fell eines Packesels sorgfältig gepflegt werden.

Fellpflege

Sind alle Kontrollen, die hier nur beispielhaft, nicht vollständig aufgezählt sind, mit positivem Ergebnis beendet, kann man zum Bürsten des Fells übergehen. Überall, wo Geschirr und Gepäck mit dem Tierkörper in Kontakt kommen, muss das Fell unbedingt sauber sein. Kleine Schmutzpartikel können sich unterwegs mit Schweiß bis zu erbsengroßen Knöllchen verbinden und einem Stein im Wanderschuh eines Menschen ähnlichen schmerzhaften Druck verursachen.

Wenn das Tier sauber erscheint, ist dennoch eine Zusatzkontrolle notwendig. Mit der flachen Hand ist vor allem über die Körperteile zu fahren, die später von Gurten und Traggestell bedeckt sein werden. Erst wenn man keine Knoten oder Schmutz mehr spürt, ist das Tier dazu bereit, bepackt zu werden.

Gepäck vorbereiten

Vor jeder Verrichtung am Packtier muss das Gepäck vorbereitet sein. Alle einzelnen Gegenstände sind zunächst so zu richten, zu verpacken und zu verschnüren, dass sie nur noch am Traggestell festgezurrt oder auf dem Gestell befestigt werden müssen.

Dazu ordnet man alle Gegenstände, die man mitnehmen will, je nach Tour: Tierzubehör, Zelt und Zubehör, Küchenmaterial, Lebensmittel, Kleidung und persönliche Gegenstände der Menschen.

> **Wichtig!**
>
> **Für Gleichgewicht beim Beladen sorgen!**
> Schon bei der Auswahl der Behälter muss daran gedacht werden, dass jedes Tier zwei Seiten hat. Das Wichtigste beim späteren Beladen ist es, gleiches Gewicht auf beiden Seiten des Tieres zu haben, damit es harmonisch und zügig laufen kann. Spezielle Packtaschen und Körbe sind ideal, aber auch Seesäcke, Beutel und weiche stabile Taschen sind geeignet.

Bei der Vorbereitung einer mehrere Tiere umfassenden Wanderung werden zweckmäßig die Tiere nach Sachgebieten beladen. Jüngere und unerfahrene Tiere erhalten die leichten Lasten, geübte Tiere die schweren Lasten.

Rechts und links vom Tier müssen Gewicht und Breite gleich sein. Schwere Gegenstände gehören nach unten und eher nach hinten, leichte nach oben und eher nach vorn. Harte Gegenstände sind nach außen, weiche nach innen zu verpacken. Alle einzelnen Gebinde, die am Traggestell befestigt werden, dürfen weder baumeln noch wackeln, scheppern oder schlabbern. Verwendet man zwei Riemen zum Befestigen am Gestell, so wird der hintere etwas länger geschnallt als der vordere, damit zum Beispiel Packtaschen mit einer leichten Neigung zum Schweif hin am Gestell hängen. Am besten legt man alles Gepäck, das man mitnehmen möchte, auf dem Boden aus und sortiert es nach Gewicht und Umfang, denn das Tier soll später nicht nur gleichgewichtig beladen sein, sondern auch auf beiden Seiten gleich breit. Dabei sollte man das Gepäck nicht mehr als doppelt so breit werden lassen, als das Tier von Natur aus ist.

Packen

Das eigentliche Gepäck wird an einer Vorrichtung befestigt, die im deutschsprachigen Raum Tragsattel, Traggestell, Packsattel und im französischen Bat genannt wird. Dabei kann es sich um viele verschiedene Modelle handeln. In diesem Buch soll zur Vermeidung von Verwechslungen mit Ausrüstungsgegenständen zum Reiten der Wortbestandteil „-sattel" nicht verwendet werden, der Begriff Traggestell ist eindeutig. In jedem Fall besteht die Ausrüstung aus zwei Dingen: einer Unterlage und einer Vorrichtung, an der Gepäckstücke befestigt werden können.

> **Tipp**
>
> **Das Packtier vor Verletzungen schützen**
>
> *Schon beim Einpacken aller Gegenstände ist daran zu denken, dass kein harter oder spitzer Gegenstand den Körper des Tieres berühren darf. Das würde unweigerlich zu Verletzungen führen und hätte mit großer Wahrscheinlichkeit den Abbruch der Wanderung zur Folge. Auf Zerbrechliches sollte man verzichten.*

Hier wird eine gemischte Reit- und Packtiergruppe vorgeführt – ohne Gebisse und selbstverständlich ohne Sporen und Gerten!

Tipp

Unterlage richtig anbringen

Folgende Technik kann man anwenden: Die Unterlage wird längs gefaltet. Dann wird sie mit dem Falz zuerst auf das Rückgrat des Tieres gelegt. Bei gleichzeitigem Glattstreichen des Fells wird die gefaltete Unterlage über die eine Rückenseite des Tieres aufgelegt. Dann geht man um das Tier herum und legt die obere Hälfte der Unterlage von der Gegenseite mit derselben Prozedur um. Ist das geschehen, wird mit der nackten Hand unter der Auflage geprüft, ob die Haare des Tiers in Wuchsrichtung liegen, notfalls ist mit Handstrichen zu korrigieren. Erst dann wird das Gewicht des Traggestells auf die Unterlage gegeben.

Die Unterlage

Unter jedes Traggestell gehört zum Schutz des Tieres eine weiche Stoffunterlage. Das kann ein spezielles Filzstück, eine gefaltete Decke, eine zur Reiterausrüstung gehörende Sattelunterlage oder ein amerikanisches Pad sein. In jedem Fall muss die Unterlage aus einem Naturstoff bestehen. Kunststoffe sind ungeeignet. Sie absorbieren den Schweiß nicht ausreichend.

Für das Auflegen der Unterlage gibt es zwei verschiedene Techniken. Beide haben zum Ziel, dass das Fell des Tieres unter der Auflage nicht geknickt oder gekrümmt liegt, sondern flach in Wuchsrichtung. Menschen, die sich zum Beispiel Pudelmützen rasch über den Kopf ziehen, kennen den störenden Effekt, der durch gekrümmte oder geknickte Haare entsteht, es kratzt und juckt. Beim Tier ist das nicht anders. Kein Packtier wird ruhig und gelassen laufen, wenn die Haare unter der Auflage nicht flach und in Wuchsrichtung anliegen.

Bewegungsfreiheit beachten

Zur Platzierung der Einheit von Unterlage und Traggestell ist darauf zu achten, dass die Bewegungsfreiheit für Kopf und Hals des Tieres nicht eingeschränkt wird. Bei jedem Schritt wird es mit seinem Kopf auf- und abwiegen, der Rücken schwingt mit. Ist die Bewegungsfreiheit für den das Gleichgewicht tarierenden Kopf eingeschränkt, weil das Traggestell zu weit vorne sitzt, bilden sich Verspannungen in Hals- und Rückenmuskulatur, was zu einem steifen Nacken und damit verbundenen Schmerzen führt. Die Einheit von Traggestell und Unterlage muss hinter dem Widerrist des Tieres aufliegen.

Das Traggestell

Das Traggestell hat je nach Modell verschiedene Gurte, mit denen man es am Tier befestigt. Meist sind es ein Brustgurt, ein oder zwei Bauchgurte und ein Hintergeschirr aus mehreren oder nur einem Gurt. Nicht bei allen Modellen lassen sich alle Gurte einzeln verstellen, bei einigen ist der Brustgurt fest am Traggestell montiert. Dann muss es im Gegensatz zur soeben beschriebenen Technik dem Tier über Kopf und Hals gezogen werden. Bei guten Gestellen sind alle Gurte einzeln verstellbar und an die Größe verschiedener Tiere anzupassen. Die besten Ausführungen sind maßgefertigt und haben Ledergurte, die zusätzlich mit Fell zumindest zum Tier hin geschützt sind.

Ob dieser Fliegenschutz sinnvoll ist oder nicht, wird immer fragwürdig bleiben, da der Esel seine Meinung dazu nicht äußern kann, dessen Gesichtsfeld erheblich eingeschränkt ist. Ein Hund ist ein Lauftier und sollte niemals auf einem Esel „reiten" dürfen.

Am Traggestell sollte man nicht sparen, von seiner Qualität hängt entscheidend ab, ob eine Packtierwanderung gelingt oder nicht. Von selbst gebauten Modellen sei abgeraten, wenn kein professionelles Geschick vorhanden ist. So manches arme Packtier wurde schon mit blutig gescheuerter Haut gesehen, weil es ein Heimwerker-Gestell ertragen musste.

Wichtig

Respekt vor dem Tier

Kinder müssen bei Wanderungen die Tiere respektieren. Schreien, um sie herumrennen, betatschen oder antreiben ist nicht erlaubt und sollte von den Erwachsenen sofort unterbunden werden. Erklären Sie Ihrem Kind, wie es sich richtig verhalten soll, dann macht die Wanderung allen Beteiligten Spaß.

Bei einer Rast haben die Packtierführer im marokkanischen Atlasgebirge den Eseln das Gepäck abgenommen, aber das Traggestell belassen. Die Tiere sind nicht angebunden, laufen aber als gut erzogene Partner der Menschen selbstverständlich nicht weg.

Die Gurte

Man kann einen oder zwei Bauchgurte verwenden. Wird nur einer eingesetzt, muss er mindestens eine Handbreit auf dem Brustbein hinter dem Ellbogenhöcker um die Unterbrust befestigt werden. Werden zwei Gurte verwendet, muss der vordere wie beschrieben befestigt werden, der hintere muss um den Bauch im Bereich der Sehnenplatte vor der Kniefalte geführt werden. Das bewirkt die Aussparung der umfangreichsten Stelle des Rumpfes und erschwert das Verrutschen der beiden Gurte. Gurte müssen breit und aus schweißabsorbierendem Material hergestellt sein. Die größte Gefahr des Aufscheuerns von Fell und Haut wird durch Gurte hervorgerufen, die zu weit vorne sitzen. Eine Verbindung des hinteren Gurtes zu einem Hintergeschirr kann bei steilen Abstiegen dem Verrutschen nach vorne entgegenwirken und deswegen sinnvoll sein.

Das Vorgeschirr

Das Vorgeschirr, auch Brustblatt genannt, soll verhindern, dass die Ladung beim Bergaufgehen des Tieres über den Hüfthöcker und die Kruppe abrutscht. Die Vorrichtung gibt es in mehreren Ausführungen, zum Beispiel in Form eines „Y". Dann verläuft es in zwei Riemen vom Traggestell über beide Schulterblätter bis zur Bugspitze, wo diese in einen Ring mündet, von dem aus ein einzelner Riemen auf dem Brustbein zum vorderen Bauchgurt verläuft.

In einer anderen Ausführung wird ein breites und doppelt genähtes Brustblatt aus starkem Leder verwendet, das mit zwei Lederriemen rechts und links über den Rippenbögen verlaufend am Traggestell befestigt ist. Das Brustblatt muss drei Finger breit unter dem Schultergelenk auf dem Brustbein des Tieres in der Mitte des Oberarmbeins nach hinten verlaufend sitzen. Zwischen Tier und Brustblatt soll höchstens zwei Fingerbreit Platz sein. Das korrekte Anpassen eines Brustblattes ist sehr wichtig. Wird es zu hoch befestigt, kann die Atmung des Packtieres eingeschränkt werden, ein zu tiefer Sitz schränkt dessen Bewegungsfreiheit ein.

Das Hintergeschirr

Das Hintergeschirr soll verhindern, dass die Ladung beim Bergabgehen des Tieres diesem über den Hals und Kopf nach vorne rutscht. Es gibt sehr viele Ausführungen, manche haben einen Schweifriemen, der um den Ansatz des Schweifs gelegt wird. Besonders bei schweren Lasten und langen, steilen Abstiegen kann diese Vorrichtung zu einer Bandscheibenquetschung der Schwanzwirbel führen, die für das Tier sehr schmerzhaft ist.

Das übrige Hintergeschirr muss so angepasst werden, dass es etwa zwei Handbreit unter dem Schweifansatz liegt. Diese Angabe soll nur eine ungefähre Vorstellung der Lage geben. Ziel ist, dass der horizontale Riemen des Hintergeschirrs auch beim steilen Bergabgehen nicht direkt unter die Schweifrübe rutschen kann. Das hätte denselben Effekt zur Folge, der für den Schweifriemen beschrieben ist. Die Länge der beidseitig am Tier verlaufenden horizontalen Riemen muss so bemessen werden, dass auf ebener Fläche ungehindert langes Ausschreiten der Hintergliedmaßen möglich ist. In den meisten Fällen kann man das Hintergeschirr korrekt anpassen, wenn zwischen Oberschenkel und Horizontalriemen Platz für eine Faust mit ausgestrecktem Daumen ist. Vor einem Abstieg muss das Hintergeschirr an dieser Stelle so verkürzt werden, dass nur noch zwei Fingerbreit zwischen Horizontalriemen und Oberschenkel passen! Wird das vergessen, rutscht die Ladung auf die Schulter des Tieres. Das verursacht dem Tier einen so starken Druckschmerz, dass es für eine Woche ausfallen kann. Da nicht alle Hintergeschirre das rasche Verstellen der Horizontalriemen möglich machen, ist zu empfehlen, das Hintergeschirr in Ebenen und beim Aufstieg am Traggestell festzuzurren und es erst später für den Abstieg einzusetzen.

Vorbildliche Wandergruppe auf schwierigem Gebirgspfad.

Nachgurten

Der oder die Bauchgurte müssen sehr festgezurrt werden. Ein Tier muss dazu erzogen sein, das zu dulden. Dennoch werden die meisten Packtiere sich aufblasen, da sie rasch lernen, dass sie es angenehmer haben, wenn sie nach dem Festzurren der Ladung „Luft ablassen". Dann muss nachgezurrt werden. Das kann mehrfach nötig sein. Unterwegs ist der Sitz des oder der Bauchgurte immer wieder zu prüfen. Sonst kann es geschehen, dass das Traggestell mit der gesamten Ladung unter den Bauch des Packtieres rutscht. Dann muss der Packtierführer das Beladen von vorn beginnen. Empfehlenswert ist es, das Traggestell allein zunächst nicht zu fest zu zurren, dann zu beladen und anschließend unmittelbar vor dem Beginn der Wanderung fest nachzuziehen und spätestens nach zehn Minuten Weg noch einmal nachzugurten.

Beladen

Wenn alles Gepäck und das Tier wie beschrieben vorbereitet sind, kann mit dem Beladen begonnen werden. Die vorbereiteten Gepäckstücke werden an der jeweiligen Tierseite auf den Boden oder auf etwa vorhandene Gestelle, Tische oder Bänke gelegt. Die einfachste Art ist es, ein Tier mit drei Personen zu beladen.
Eine Person steht am Kopf des Tieres, um es zu beruhigen und die Bewegungen der beiden anderen Personen zu synchronisieren.

> **Info**
>
> **Oberlast**
> Die Oberlast sollte so leicht und so niedrig wie möglich sein. Ihr muss besondere Aufmerksamkeit gewidmet werden. Sie muss in jedem Fall so auf dem Traggestell verzurrt sein, dass sie weder beim Bergaufgehen noch beim Abstieg verrutschen kann. Die Oberlast ist in solchen Situationen immer im Auge zu behalten!

Das Beladen eines Packtieres muss immer synchron von beiden Seiten gleichzeitig erfolgen.

Diese stehen rechts und links an der Seite des Tieres, heben die vorbereiteten Seitenlasten hoch und lassen sie gleichzeitig auf das vorbereitete Traggestell ab, wo sie sofort befestigt werden. Dieses Manöver ist in Sekunden erledigt, wenn man ein gutes Traggestell und dafür speziell angefertigte Packtaschen mit Schlaufen zum Einhängen benutzt.

Je enger die gesamte Ladung am Tier verzurrt werden kann, ohne dass die Gefahr von Verletzungen oder Druck besteht, desto leichter kann das Packtier seine Arbeit verrichten. Nach dem Beladen eines Tieres bricht man sofort auf. Alle Diskussionen, Verabschiedungen, Toilettengänge, Kartenlesen und ähnliche Verrichtungen müssen vor dem Beladen des Tieres erledigt sein. Bei einem Halt gilt derselbe Grundsatz in umgekehrter Reihenfolge: Zuerst das Tier abladen und versorgen, dann sind die Menschen an der Reihe!

Führen

Es ist für die Bildung eines Vertrauensverhältnisses zwischen Tier und Mensch am sinnvollsten und erfolgversprechendsten, wenn ein und dieselbe Person das Tragtier über die Dauer der gesamten Tour führt. Jeder Wechsel des Führers erfordert eine neue Anpassung des Tieres an den Menschen. Geführt werden darf ein Tragtier während der Tour auch aus juristischen Gründen nur von einer Person, die einen Kursus absolviert hat und die Verantwortung trägt.

> **Wichtig!**
>
> *Reihenfolge der Tiere beim Wandern*
>
> *Bei einer Wanderung in einer Packtierkolonne gehen die ruhigsten, sichersten und erfahrensten Tiere voran, die anderen folgen. Eine einmal bestimmte Reihenfolge sollte möglichst nicht oder nur dann geändert werden, wenn man den Eindruck hat, dass die Kolonne in veränderter Formation besser vorankommt. Der erste Tragtierführer hat die Aufgabe, das Tempo so zu halten, dass alle Tiere gleichmäßig vorankommen und möglichst beisammenbleiben.*

Der Abstand zwischen Mensch und Tier kann bei dieser Haltung des Stricks leicht verändert werden.

Packtierwanderungen

Check

Gurte kontrollieren

Spätestens zehn Minuten nach dem Aufbruch werden alle Gurte an dem Traggestell und die Verzurrung der Ladung kontrolliert und gegebenenfalls nachgezogen. Eine halbe Stunde nach dem Weitergehen wird nochmals kontrolliert, dann stündlich.

Es gibt verschiedene Methoden, ein Tier zu führen. Ein Packtier muss frei gehen und jederzeit sehen können, wie der Boden vor ihm beschaffen ist. Dem Packtier wird ein Halfter umgelegt, das mit einem Metallring versehen ist. Darin wird ein Haken eingelegt, an dem sich ein Führseil von einem bis drei Meter Länge befindet. Sogenannte Panikhaken, die es möglich machen, das Tier bei Gefahr durch einen einzigen Ruck vom Führseil zu befreien, sind empfehlenswert.

Esel haben die Tendenz, auf dem äußerst möglichen Rand eines Weges zu gehen, auch wenn dieser sehr breit ist. Erfahrung hat sie gelehrt, dass es dadurch erstens ungefährlicher ist, am Berghang hängen zu bleiben und zweitens bei etwaigem Abrutschen eines Wegteils noch die Möglichkeit zum raschen Ausweichen besteht. Esel kennen keine hierarchische Rangordnung, wenn sie ihren natürlichen Charakter behalten haben und nicht – etwa durch Inzucht – deformiert wurden. Sie drängen in der Natur noch nicht einmal kranke Tiere ab. Dieses ausgeprägt soziale Verhalten führt dazu, dass sie als Packtiere selbst auf schmalen Pfaden im Hochgebirge stehen bleiben und dem Packtierführer den Vortritt lassen. Weigern sie sich zu folgen, dann sollte auch der Mensch nicht weitergehen. Sie haben eine Gefahr erkannt, die dem Menschen nicht offenbar wurde.

Beim Führen von Eseln geht man, wenn es das Gelände erlaubt, seitlich versetzt neben der Schulter mit durchhängendem Führseil neben dem Tier. So kann es sowohl den Boden als auch die Person neben sich und den Weg vor sich selbst sehen und begutachten. Esel richten oft den Blick weit nach vorne, um entfernt liegende Gefahren erkennen zu können. Das ist für ein aus Wüstengebieten stammendes Tier überlebenswichtig. Der Esel bleibt bei Gefahr stehen, bis er sich sicher ist, dass die entfernt vermutete Gefahr keine für ihn ist. Diese Entscheidung lässt er sich durch den Menschen nicht abnehmen. Auch in Rehen oder anderen Wildtieren, die den geplanten Weg kreuzen, Spaziergängern, Rad- oder Skifahrern, knatternden Motorrädern, Fluglärm oder Maschinen von Waldarbeitern vermuten Esel zunächst einmal Gefahr. Geht man vor dem Esel, kann er nicht weit nach vorn schauen. Da ihm der Blick durch den Führer versperrt wird, ist er ängstlicher und zögerlicher. Man sollte nur dann vor oder hinter seinem Esel gehen, wenn die Passage zu eng oder der Weg sehr steil ist. Besonders bei Abstiegen müssen sich alle Beteiligten ruhig verhalten, auch Kinder.

Den Esel richtig führen

Der neben seinem Esel gehende Packtierführer verhält sich so: Das Führseil wird vor dem Körper gehalten. In der Regel geht der Mensch auf der linken Tierseite. Die rechte Faust hält das Führseil so, dass die Leine gut durchhängt. Der Rest des Seiles wird in losen Schlaufen in der linken Faust gehalten. Macht der Esel aus welchen Gründen auch immer eine ruckartige Bewegung nach vorn, kann der Mensch dadurch nicht umgeworfen werden, was sofort der Fall wäre, wenn in einer solchen Situation das Seil hinter dem Rücken des Führers gehalten würde. Zur Sicherheit darf das Führseil niemals an Kleidungsstücken befestigt oder um das Handgelenk geknotet werden! Diesen lässig aussehenden Leichtsinn unerfahrener Menschen muss man leider immer wieder beobachten, wenn man in Gegenden unterwegs ist, wo Touristen mit gemieteten Eseln wandern dürfen, ohne vorher dafür ausgebildet worden zu sein.

Steile Passagen

In schwierigen Situationen, vor allem bei engen Auf- und Abstiegen über schmale Gebirgspfade, sollten die Tiere frei laufen und sich ihren Weg selbst suchen dürfen. Daher sollte das Führseil lang sein. Es reicht nun nicht, wenn der Führer einfach tapfer vorangeht. Über Stufen und Felsbrocken muss er sich unbedingt zu seinem Tier umdrehen.

Jeder Esel braucht ein Halfter. In den unteren Ring wird der Panickhaken des Strickes eingehakt.

Nur dadurch kann er es sicher dirigieren und hat die Chance, sich selbst rechtzeitig in Sicherheit zu bringen, wenn es springt und dadurch ruckartig den Abstand zum Mensch verkürzt. Der Führer sollte das Tempo des Tieres respektieren und sich diesem anpassen. Im Zweifelsfall muss bei engen und gefährlichen Passagen das Gepäck abgeladen, von Menschen bis zu einer bequemeren Stelle getragen und wieder aufgeladen werden. Das gilt für alle Packtiere. Esel sollten bei Steilhängen weder bergauf noch bergab am Seil geführt werden. Sie suchen sich ihren Weg, werden sich nicht in ihrem Führseil verfangen, wenn man es vorher vom Halfter ganz gelöst hat und laufen auch nicht davon, wenn sie Vertrauen zu ihrem Führer haben und gut erzogen sind. Im Gegenteil, sie sind bekanntlich keine Fluchttiere und sehr soziabel veranlagt. Darum werden sie am Ende einer schwierigen Passage auf ihren Führer warten. Lediglich dann, wenn das Ziel der Wanderung bekannt ist, kann es geschehen, dass sie bereits allein vorausgehen, um dort zu warten. Das ist aber weder für die Menschen noch die Tiere ein Schaden.

Abstiege meistern

Unterwegs den Esel nach Möglichkeit niemals in Fall-Linie einen Berg hinunterlaufen lassen, wenn er beladen ist, sondern immer serpentinenförmig gehen. Sollte das nicht durchführbar sein, in jedem Fall vor einer solchen oder anderen schwierigen Passage den festen Sitz und die gleichmäßige Verteilung der Ladung nochmals kontrollieren. Schlecht sitzende, gelockerte Gepäckstücke neu verzurren. Gepäck kann bei schwierigen unebenen Strecken leicht über den Rücken des Esels nach vorne, hinten oder seitlich verrutschen, ihn aus dem Gleichgewicht bringen. Das geschieht regelmäßig an den unerwarteten und für eine Korrektur unmöglichen Stellen! Das wird im geringsten Fall dazu führen, dass der Esel seinen Dienst zu Recht verweigert und der für die Verzurrung verantwortliche Mensch die gesamte Ladung erst einmal abnehmen muss, um sie entweder selbst in Einzelteilen bis zu einer sicheren Stelle zu tragen oder alles neu aufzuladen und zu verzurren. Es kann aber auch zu gefährlichen Stürzen für Mensch, Tier und Ladung führen, die immer das Risiko von Verletzung oder gar Tod in sich bergen. Nicht das Tier, allein der Eselführer ist dafür haftbar, wenn so etwas geschieht! Nach jeder schwierigen Passage sind Tier und Ladung unbedingt genau zu kontrollieren.

Info

Führen des Packtieres

Zum Führen eines Packtieres gehören nicht nur die Techniken des Leitens, sondern die Gestaltung des gesamten Tagesablaufs. Die verschiedenen Methoden, ein Tier anbinden zu können, müssen vom Packtierführer perfekt beherrscht werden.

Ist der Weg breit genug, kann auch neben dem Esel gelaufen werden, am besten etwas schräg versetzt, so dass der Mensch vom Tier wenigstens aus den Augenwinkel gesehen werden kann.

Wandern mit Eseln

Rast

Auch bei einer Rast, die nur eine Stunde dauert, sollen die Tiere möglichst weiden können oder vorgelegtes Heu oder Kraftfutter aufnehmen dürfen. Die Frage, ob die Tiere für eine solche Pause vollkommen entladen und abgepackt werden müssen oder nicht, wird unterschiedlich beantwortet. Besonders vorsichtige Tierfreunde werden ihre Packtiere immer entlasten. Oft ist es zeitsparender, das Tier zu entlasten, abzupacken und mit dem Seil am Halfter beim Weidegang durch einen Menschen führen zu lassen. Denn auch angebundene Tiere darf man niemals aus dem Auge lassen. Immer muss mindestens eine Person sämtliche Tiere ständig beobachten, dies gilt auch dann, wenn alle anderen Wanderer ein Nickerchen machen. Diese Person muss in jedem Fall einer der Packtierführer sein.

Für das Entladen spricht auch, dass sich Packtiere gerne wälzen. Tun sie das mit dem Gepäck, was beim Rasten mit manchen Tieren nicht zu verhindern sein wird, dann wird die gesamte Last so ver-

rutschen, dass ohnehin entladen, abgepackt und neu aufgeladen werden muss. Tiere, die sich gewälzt haben, müssen selbstverständlich vor dem erneuten Beladen so gesäubert, gebürstet und vorbereitet werden wie zu Beginn der Wanderung, bevor wieder aufgeladen wird.

Bei jeder Rast, wenn die Tiere vollkommen abgeladen und abgepackt werden, sind sie sofort auf Veränderungen des Allgemeinzustandes und Verwundungen (Druckschäden, Scheuerstellen, Lahmen) zu prüfen, die Hufe sind zu kontrollieren.

Ein Esel darf niemals beladen stehen gelassen werden. Das kann unter anderem zu Muskelverkrampfungen führen, die zur Plage für die weitere Wanderung werden können.

Gut ausgebildete Esel werden bei einer Rast weiden und sich dabei nicht weit von den Menschen entfernen. Eine Person sollte ihnen dabei in Sichtweite folgen. Nur in unübersichtlichem Gelände müssen sie angebunden werden.

Die Tiere am Weglaufen hindern

Es gibt mehrere Möglichkeiten, sie für eine Pause zum Weiden am Weglaufen zu hindern.

Das sogenannte Hobbeln (zu Deutsch: Fesseln) ist abzulehnen. Dabei werden die Vorderbeine des Tieres oder alle vier Füße so eng gefesselt, dass sich das Tier nur in Trippelschritten fortbewegen kann. Es gibt zwar professionelle „Hobbles", die sehr gut gepolstert sind, dennoch scheuern auch diese sehr an der empfindsamen Haut des Fesselbeins. Außerdem ist fraglich, ob gefesselte Tiere glückliche und damit ruhige Tiere sind. Die Pause sollte den Tieren auch zur psychischen Erholung dienen.

Anbinden kann man Packtiere am Halfter, wo sich in der Regel eingearbeitete Metallringe dafür befinden. Diese kann man entweder für die Befestigung von Seilen mit Spezialknoten verwenden oder an ihnen Metallhaken befestigen.

Man kann zwischen zwei Bäume möglichst ebenerdig ein langes Seil spannen, das durch ein Ende von Haken oder Knoten geführt wird, dessen anderes mit dem Halfter verbunden ist. Dadurch kann das Tier sich wie ein Kettenhund auf einem Gehöft bewegen.

Will man diese Anbindetechnik anwenden, muss das Tier sie vorher erlernt haben. Sonst wird es über das am Boden gespannte Seil stolpern und stürzen. Nur geübte Tiere werden über das bodennah verspannte Führseil steigen oder darauf treten.

Info

Zeit zum Wälzen

Wälzen dient den Tieren als natürliche Massage, als Reinigung, Trocknung von Schweiß und soll eine gegen verschiedene Parasiten wirksame Staubschicht bilden. Das gilt für alle Tiere in der Natur. Sobald ihnen vom Menschen Gepäck aufgeladen wird, muss dieser die Pflege übernehmen.

Diesen Eseln sind die Traggestelle bei einer Rast nicht abgenommen worden. Nach dem Wälzen wird der betreffende Packtierführer mehr Arbeit haben ...

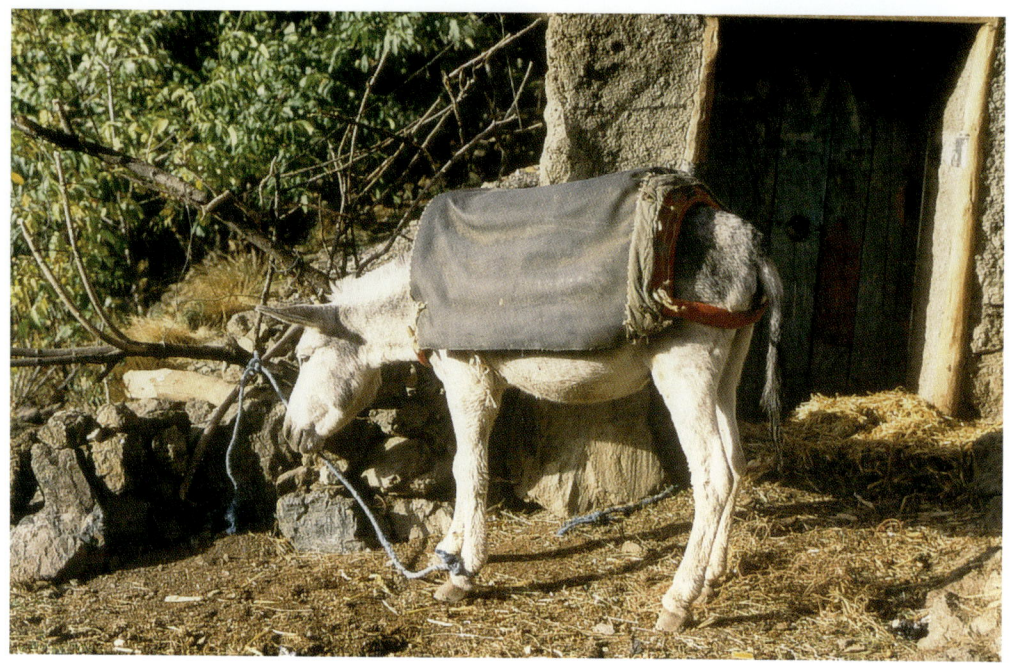

Das in vielen Ländern übliche „Hobbeln" von Tieren, ist keine Methode, die Tierfreunde anwenden.

Der Nachteil, dass so angebundene Tiere dann den Kopf nicht unbegrenzt heben können, wenn sie selbst auf ihrem Führseil stehen, kann dadurch behoben werden, dass die am gespannten bodennahen Führseil befestigte Anbindeleine nicht am Halfter, sondern an ein Fesselbein des Tieres gebunden wird. Die Nachteile, die sich dadurch ergeben, sind dieselben wie beim „Hobbeln". Eine andere Möglichkeit, die auch dann angewendet werden kann, wenn keine Bäume vorhanden sind, besteht darin, zwei Tiere miteinander an einem langen Seil zusammenzubinden. Auch das darf nur mit geübten und aufeinander eingespielten Tieren gemacht werden, da sie sich sonst gegenseitig zu Fall bringen können.

Nachtlager einrichten

Auch die Errichtung eines Lagers für die Nacht gehört zum fachgerechten Führen eines Packtieres. Am Ziel der Tagesetappe angekommen, wird jedes Tier entladen und abgepackt. Das Abladen erfolgt in umgekehrter Reihenfolge zum Aufladen. Nach jedem Gepäckstück wird der Bauchgurt etwas gelöst. Der Esel muss die Möglichkeit haben, sich nach dem Abladen sofort zu wälzen.

Dann wird am besten ein transportabler Elektroweidezaun errichtet, in dessen Areal die Tiere frei laufen und grasen können. Die Tiere werden wie beschrieben kontrolliert, gepflegt und versorgt, sprich die Hufe werden von Steinchen befreit, die verschwitzten Stellen gebürstet und die Tiere werden getränkt und gefüttert. Erst dann wird das Camp für die Menschen aufgebaut.

Transportabler Weidezaun
Ist der Aufbau eines transportablen Weidezauns nicht möglich und ist auch kein Stall vorhanden, muss das Tier angebunden werden. Das sollte für eine längere Zeit, also die Nacht, an einem Führseil geschehen, welches in etwa zwei Metern Höhe, zum Beispiel zwischen zwei Bäumen, über fünfzehn Meter lang gezogen wurde. Dann sind die Tiere so kurz an dem Führseil mit Panik-Haken oder notfalls auch Karabinern zu befestigen, dass sie mit ihren Nüstern gerade den Boden erreichen. Bei längerem Anbinden besteht die Gefahr, dass sie sich in dem Strick verfangen können. Werden Packtiere so angebunden, ist eine menschliche Nachtwache durchgehend erforderlich.

Nahrungsaufnahme

Pausen und Rasten für die Nacht sollen dem Packtier die Möglichkeit zur Erholung von der Arbeit, zur Entspannung und zum Aufbau neuer Kräfte geben. Dazu ist selbstverständlich die Aufnahme von Wasser und Nahrung erforderlich. Die Leistungsfähigkeit der Tiere hängt unmittelbar von ihrem Ernährungszustand ab. Equiden haben im Vergleich zu ihrer Körpergröße einen kleinen Magen. In der Natur nehmen diese Tiere ständig Nahrung zu sich, auch nachts. Sie misten etwa alle zwei Stunden.
Je öfter ein Esel während einer Wanderung täglich Nahrung aufnehmen kann, desto artgerechter wird das Tier ernährt und desto größer wird seine Leistungsbereitschaft sein.
Das Futter sollte viele Rohfaseranteile enthalten. Industriell gefertigtes Kraftfutter wie Pellets sind ausnahmsweise nur dann zu geben, wenn das Anbieten anderer Futtersorten vollkommen unmöglich ist und das Tier lange Zeit vorher an solche Kraftnahrung gewöhnt wurde. Sonst sind Durchfälle und Koliken zwangsläufig die Folge, was die Wanderung zum sofortigen Abbruch bringen würde. Während der Futteraufnahme dürfen die Tiere nicht gestört werden.

Info

Verdauungsrhythmus von Equiden

Equiden nehmen die in der Nahrung befindlichen lebensnotwendigen und kraftspendenden Stoffe am leichtesten auf und arbeiten sie am besten in die erforderliche Energie um, wenn sie sich im Ruhezustand befinden. Das Hauptfutter ist darum dann zu geben, wenn die Tiere eine Pause haben.

Wichtig ist es, regelmäßige Futterzeiten einzuhalten, an die sich die Tiere gewöhnt haben. Ständige Veränderung der Futterzeiten kann ebenfalls Durchfälle und sogar Koliken verursachen, die Nahrung kann nicht richtig aufgenommen, verarbeitet und umgesetzt werden. Ein gestörter Verdauungsrhythmus führt zu Energieverlust. Das hat geringere Leistungsbereitschaft und eine Reduzierung der Kraft zur Folge.

> ## Tipp
>
> ### Fütterung und Tränken des Esels
> *Als Reihenfolge für das Füttern und Tränken nach Beendigung der Tagesetappe ist folgender Ablauf zu empfehlen: Wasser, eine halbe Stunde danach etwas Raufutter (Heu, Stroh), anschließend nach einer neuen Wartezeit Kraftfutter (wie gequetschte Gerste), nach einer neuen Pause die Hauptmenge des Raufutters und ein bis zwei Stunden später nochmaliges Tränken.*

Die Futtermenge richtet sich nach dem jeweils eingesetzten Tier. Entweder ist sie dem Besitzer des Tieres bekannt oder der Packtierführer wird sie mitteilen.

Falls auf einer Extremwanderung über längere Zeit kein Heu als Raufutter unterwegs zu beschaffen sein sollte, muss mindestens alle zwei Stunden die Möglichkeit gegeben sein, dass die Tiere eine halbe Stunde grasen können. Da Grünfutter zum größten Teil (etwa 85 Prozent) aus Wasser besteht, muss eine viel größere Menge als von Heu aufgenommen werden, um denselben Rohfaseranteil zu erreichen. Bei extremen Touren sollten die Kraftfuttermengen den Gegebenheiten angepasst werden. Solche Einsätze dürfen allerdings nur von sehr geübten Packtierwanderern mit speziell dazu ausgebildeten und lange vorher eingewöhnten Tieren gemacht werden.

Beispiel einer Zwei-Tages-Wanderung

Das folgende Beispiel soll der Planung eines ersten Zwei-Tage-Trips dienen. Längere Touren sollten dem beschriebenen Ablauf entsprechen und die erwähnten zusätzlichen Ruhepausen berücksichtigen.

Erster Tag
06.00 Uhr Eselführer füttert und tränkt sein Tier.
07.00 Uhr Die anderen Teilnehmer stehen auch auf.
07.30 Uhr Frühstück.
08.00 Uhr Gegebenenfalls Transport des Esels mit Fahrzeug zum Startpunkt der Wanderung (5-10 km).
08.30 Uhr Abwiegen und Packen der Ausrüstung, allgemeine Körperkontrolle des Esels (besonders Hufe!), Packen des Tieres, Verzurren der Ladung, End-Check der Seile durch eine einzige Person, die die Verantwortung dafür übernimmt.
10.00 Uhr Start einer etwa 10 km langen Etappenwanderung.
11.00 Uhr Zehn Minuten Rast, Check der Ladung und aller Befestigungen durch dieselbe verantwortliche Person.
12.30 Uhr Eine mindestens halbstündige Mittagspause.
15.00 Uhr Erreichen des Tagesziels. Als Erstes: Tier entlasten, Traggestell abnehmen, allgemeine Körperkontrolle, dabei besonders auf Abschürfungen achten, wenn nötig behandeln und pflegen und die Hufe kontrollieren und putzen. Versorgung des Packtieres an einem schattigen und/oder regengeschützten Platz, wo Grünfutter wächst, dabei auf Giftpflanzen achten. Tier tränken und angebunden oder in einem Wanderpark sicher unterbringen.
16.00 Uhr Aufbau von Zelten und Camp für die Menschen.
17.30 Uhr Beginn der Zubereitung des Abendessens und Organisation des Mittagsimbisses für den folgenden Tag.
18.30 Uhr Abendessen
20.30 Uhr Aufräum- und Abwascharbeiten beenden, Frühstück vorbereiten. Tränken und Füttern des Packtieres. Noch einmal die sichere Unterbringung des Tieres kontrollieren.
21.30 Uhr Im Schlafsack beim Sternenhimmel dem nächsten ereignisreichen Tag entgegenträumen.

Zweiter Tag
06.30 Uhr Aufwachen, waschen.
07.00 Uhr Füttern und Tränken des Packtieres. Wenn möglich im Anschluss an einer neu eingerichteten Stelle grasen lassen.
07.30 Uhr Frühstück.
08.30 Uhr Sightseeing und Aufräumarbeiten.
09.00 Uhr Packen, dabei die Ladung neu austarieren und abwiegen! Allgemeine Körperkontrolle des Tragtieres niemals vergessen!
10.00 Uhr Start für die Rück-Etappe.

Wichtig!

Zu wenig Futterrationen führen zu Verstopfungen

Es ist keinesfalls möglich, ein Packtier einmal täglich mit einer ganzen Tagesration Nahrung zu versorgen. Das hätte unweigerlich eine Verstopfungskolik und damit den sicheren Tod des Tieres zur Folge, den selbst ein sofort herbeigerufener Tierarzt nicht mehr verhindern könnte!

Info

Ruhepausen für die Esel

Mit einem Esel sollte man, Pausen eingeschlossen, nicht länger als acht Stunden am Tag laufen, wenn er Gepäck trägt. Bei Mehrtageswanderungen muss man nach maximal sechs Tagen einen ganzen Ruhetag einlegen. Nach spätestens vierzehn Tagen hat sich das Tier eine Pause von mindestens vier Tagen redlich verdient. So empfehlen es zu Recht Tierschützer in Europa.

Nachdem das Gepäck abgeladen wurde bekommen die Esel zuerst einen Eimer Wasser. Anschließend gibt es entweder Gras oder, wenn nicht vorhanden, Heu.

Info

Geschwindigkeit eines Packesels

Ein Packesel bewegt sich mit einer Geschwindigkeit von drei bis vier Kilometern in der Stunde, wenn er gesund, gut ernährt, trainiert, ausgeruht, wohlerzogen und sorgfältig beladen ist, also beim Laufen keine Einschränkungen seines Wohlbefindens spürt. Der Zustand des Geländes, Wetter und geografische Gegebenheiten können die Geschwindigkeit reduzieren.

11.00 Uhr Zehn-Minuten-Rast mit Check von Ladung und Tier.
12.30 Uhr Mindestens halbstündige Mittagspause mit Imbiss nach dem Entlasten des Tieres.
15.00 Uhr Rückkehr, sofortige Entlastung des Tieres, allgemeiner Körper-Check und Reinigen der Hufe. Fellpflege, Tränken und Füttern des Tieres.

Das ist nur eine von vielen Möglichkeiten. Auch dabei ist die vorherige Planung wichtig, die in Kombination mit der verantwortungsvollen Durchführung einen guten Verlauf garantieren kann.
Man muss immer mit unvorhergesehenen Einflüssen rechnen. Wetterumschwünge, Holzabfuhr auf dem Weg und andere Ereignisse sollten die Teilnehmer einer Packtierwanderung nicht irritieren. Alle Etappen sollten so geplant werden, dass unerwartete Störungen des Ablaufs zu keinem wesentlichen Zeitverlust oder gar grundsätzlichen Änderungen führen. Das gilt besonders für eine Tour in unbekanntem Gebiet. Ruhe, Geduld und Muße sind die wichtigsten Eigenschaften eines guten Packtierwanderers, der sich

mehr für die ihn umgebende Natur als für das sportive Erreichen eines Etappenziels interessiert. Damit etwa eingeplante Übernachtungen in Gasthöfen oder Hotels eingehalten werden können, sollten die Tagesetappen eher kürzer geplant werden, als es die Fähigkeiten der Menschen und Tiere erlauben, die teilnehmen.

Diese beiden Esel sind nicht nur für Wanderungen vollkommen ungeeignet, sie müssen erst einmal aufgepäppelt und von Hautwunden geheilt werden.

Ausrüstungsgegenstände

Das Mitnehmen eines Packtieres sollte den Wanderer nicht dazu verführen, mehr Ausrüstung und Gepäck als nötig mitzunehmen. Schutz von Umwelt und Natur sollte heute eine Selbstverständlichkeit sein. Dennoch sei es erlaubt, den amerikanischen Reiter-Schwur in Erinnerung zu rufen: „Wenn ich draußen in der Natur bin, hinterlasse ich nur Fußabdrücke und nehme nur Erinnerungen mit!"

Unterlagenmodelle

Als Unterlage ist eine auf Englisch-Reitsättel zugeschnittene Decke ungeeignet. Sie muss den Bereich des Tierkörpers bedecken, der mit Traggestell oder Gepäck in Berührung kommt. Sie muss immer sauber, frei von störenden Gräsern, Dornen, Spelzen und Holzspänen sein und trocken gehalten werden. Filzunterlagen bester Qualität aus Naturfasern sind gut geeignet. Erwirbt man sie als Meterware, können sie passend zum Tier und jeweiligen Verwendungszweck zugeschnitten werden. Filz lässt sich leicht pflegen, seine Haltbarkeit ist allerdings begrenzt, er kann nicht oft gewaschen werden und trocknet sehr schlecht. Am besten bürstet man ihn trocken aus.

Vertrauen zwischen Mensch und Tier ist das A und O bei einer Wanderung.

Es, muss nicht immer schön aussehen, wenn Gepäck sach- und tiergerecht aufgeladen und verschnürt wurde.

Handelsübliche Natur-Wolldecken gehören zu den besten Unterlagen. Werden sie zweimal gefaltet, können sie acht Tage lang jedes Mal auf eine frische Seite gewendet werden. Legt man den offenen Teil der Faltung nach vorne, entsteht eine bessere Belüftung. Liegen die offenen Falze hinten, wird dadurch das Eindringen von Staub und Schmutzteilchen besser verhindert. Gefaltete Decken dürfen auf keinen Fall in der Auflagefläche selbst noch Falten bilden, sie sind sehr sorgfältig glatt zu streichen! Zu den besten Unterlagen zählen handelsübliche Pads und Navajodecken, die allerdings teurer sind. Es gibt sie in verschiedenen Dicken und Größen, sie schützen noch besser als Wolldecken, da sie dicker und weicher sind, komfortable Ausführungen sind mit Lammfell unterlegt.

Traggestelle

Die Modellvielfalt an Traggestellen ist sehr groß, viele sind leider nur aus Ländern zu beziehen, in denen Packtiere mehr eingesetzt werden als im deutschsprachigen Raum.

Für welches Modell man sich entscheidet, hängt von der Größe des Tieres, vom Umfang des Gepäcks, der Kraft des Packtierführers, der das Gestell hantieren muss, vom persönlichen Geschmack und dem Geldbeutel des Packtierbesitzers ab. Einige Modelle seien im Folgenden mit Vor- und Nachteilen kurz beschrieben.

› Das „Crossbuck"-Traggestell ist das in den USA gebräuchlichste. Es fordert vom Packtierführer ein wenig mehr Übung und Erfahrung, hat dafür mit sechs Kilogramm ein erheblich geringeres Eigengewicht als das Schweizer Gestell. Für Esel wird es mit nur einem Bauchgurt genutzt. Amerikanische Gestelle sind nicht billig, es gibt sehr schön geformte und handwerklich perfekt ausgearbeitete Modelle.
› Das traditionelle französische „Bat" hat ein mittleres Eigengewicht, oft integrierte Seitenlast-Gestelle und ist heute noch als Einzelstück-Fertigung auf Bestellung in Sonderausführungen zum Befestigen von Tonnen, Körben und Ähnlichem zu haben. Das „Bat" umfasst das Tier tief unten. Dadurch ist relativ leicht Stabilität herzustellen.
› Auch Reitsättel (außer denen für „Englisch-Reiten") sind bedingt als Traggestelle einsetzbar oder zu solchen umzubauen. Eine gebräuchliche und sehr empfehlenswerte Form kommt ebenfalls aus den USA, der „McClellan"-Sattel.

Packstücke

Für die Traggestelle gibt es sehr viele verschiedene Behälter, in die das Gepäck geladen werden kann. Im Gegensatz zu den Gestellen können Behältnisse mit einigem handwerklichen Geschick selbst hergestellt werden. Eine einfache Lösung ist es, zwei flexible, weiche handelsübliche Rucksäcke mit Riemen zu verbinden.
Die besten Erfahrungen gibt es mit Packtaschen aus widerstandsfähigem, wenn möglich wasserdicht beschichtetem Segeltuch (LKW-Planen) mit lederverstärkten Ecken. Sie haben ein geringes Eigengewicht und geben leicht nach, wenn sie beim Wandern an seitlichen Hindernissen entlangstreifen. Hängen bleiben ist fast unmöglich. Zerbrechliche Gegenstände und empfindliche Lebensmittel müssen allerdings geschickt verpackt werden. Dieselben Packtaschen aus Leder sind schwerer, müssen sehr sorgfaltig gefettet und gepflegt, vor Verschimmeln sicher aufbewahrt werden und kosten viel mehr Geld. Selten hat man die Möglichkeit, sich aus den USA regelrechte

Ladegut-Packtaschen zu besorgen, die über einen Western-Reitsattel gelegt werden können und dieselben Vorteile bieten. Alle flexiblen Taschen können leicht zusammengerollt werden.

Kisten aus Holz und leichterem Aluminium oder Fiberglas eignen sich hervorragend zum Transport von zerbrechlichem Material. Mit entsprechenden Auspolsterungen und Unterteilungen sind sie das wohl beste Packmittel zum Beispiel für fotografische und wissenschaftliche Ausrüstungen. Sie müssen auf Maß für das verwendete Tier gefertigt werden und sind darum sehr teuer. Manche in den

Dieses Tier setzt jeden Schritt vorsichtig und bedächtig vor den anderen. Das bewahrt das Gepäck vor Schäden.

USA „Grub-Panniers" genannte Kisten können als kleine Campingtische verwendet werden. Dort gibt es auch Spezialanfertigungen, in denen eine komplette Feldküche mit Ofen untergebracht ist! Schäfer und professionelle Expeditionen verwenden sie gerne.

Für Esel haben sich die in Nordafrika traditionell gebräuchlichen großen Flechtkörbe bewährt, die meist aus Palmfasern oder Halfahalfa-Gras in aufwendiger Handarbeit gefertigt werden. Zu ihnen gehört das nordafrikanische Traggestell. Sie haben den Nachteil, die meist feuchten Wetterverhältnisse in Europa nicht lange zu überstehen, wenn sie nicht sorgfältig behandelt und fachgerecht gelagert werden, können aber unterwegs leicht mit Schnüren repariert werden und passen sich dem Tierkörper hervorragend an. Ein Tipp: Auf einer Marokkoreise kann man günstig Flechtkörbe erstehen.

Die beste Art, seine persönliche Habe wie Kleidung von der übrigen Ausrüstung zu trennen, ist, eine rechteckige, leichte und flexible Reisetasche gut zu packen, den so genannten „Duffle-Bag". Die praktischste Art, Schlafsack und Liegematte mitzunehmen, ist die Nutzung der in Ausrüsterläden für Fernreisen erhältlichen „Stuff Bags". Das sind röhrenförmige wasserdichte Hüllen, die nach beiden Seiten offen sind. In sie schiebt man seine Liegematte eng zusammengerollt ein und lässt los. Dadurch entrollt sie sich bis zur Wand des „Stuff-Bags". Die entstehende Innenröhre kann mit dem Schlafsack gefüllt werden. Dazu zieht man ihn so weit durch, dass auf beiden Seiten ungefähr dieselbe Länge herausschaut und stopft ihn dann zunächst von der einen, dann von der anderen Seite fest hinein. Mit Abdeckungen und Schnüren wird der „Stuff-Bag" abschließend wie eine Wurst verschlossen.

Mit schlichten Rechteck-Tüchern kann man sich Schlingen fertigen, die an einer Seite mit Riemen versehen sind, welche am Traggestell befestigt werden. Dann ist Transportgut leicht darin einzurollen und abschließend am Gestell zu verschnüren.

Benötigtes Gepäck

Welches Gepäck ein Wanderer seinem Tragtier auflädt, hängt von Tierart, Dauer und Zweck der Wanderung, Anzahl der teilnehmenden Personen, Jahreszeit, geografischen Gegebenheiten und persönlichen Bedürfnissen ab. Eine für alle Menschen, Tiere und Situationen passende Liste kann nicht aufgestellt werden. Die folgenden Aufstellungen sind als Anregung zu betrachten.

Für eine Tageswanderung mit einem Tier sind Halfter und Führstrick, Putz- und Pflegeutensilien, ein zehn bis fünfzehn Meter langes Seil, zwei Panik- oder Karabinerhaken, Erste-Hilfe-Material für Mensch und Tier, Unterlage, Traggestell mit Behältnis und die wenigen für Menschen nötigen Dinge ausreichend.

Bei einer mehrtägigen Wanderung empfiehlt sich die Mitnahme eines Ersatzhalfters, eines zweiten Führstricks, mehrerer Spannsets oder Schnüre und Gurte, eines Klappkessels oder einer Faltschüssel, je nach Tier eines Futtersacks, eines kleinen Beils und eines Klappspatens.

Bei mehrwöchigen Wanderungen sollte die Ausrüstung durch die folgenden Gegenstände weiter ergänzt werden: Ersatz-Karabiner und Panik-Haken und zum Aufladen von Notfallhandys ein kleines Solarladegerät.

> ### Tipp
>
> #### Manta-Plane
>
> *Ein wichtiges Utensil im oft feuchten Europa ist für eine Packtierwanderung die Manta-Plane. Das ist ein quadratisches Stück wasserundurchlässiger Stoff von zwei bis vier Metern Kantenlänge, das über das gesamte Gepäck gelegt und mit diesem unter Anwendung fachgerechter Sicherheitsknoten verschnürt wird. Die Manta kann auch als Unterlage für Schlafsäcke oder Zelte eingesetzt werden, man kann Heu, Futter oder anderes loses Material in ihr befördern.*

Gepäckliste für 2 Personen für eine Woche

Zur Verdeutlichung sei hier eine Detailliste wiedergegeben, die Anhaltspunkte für eine Packtierwanderung von zwei Personen für eine Woche geben soll. Vorausgesetzt wurde bei deren Zusammenstellung, dass alle Übernachtungen in freier Natur stattfinden und unterwegs keine Lebensmittel zu kaufen sind.

Übernachtung

- 1 Iglu-Leichtzelt mit Stangen, Spannschnüren, Heringen
- 2 Bodenmatten zur Isolierung mit Hüllen
- 2 Schlafsäcke je nach Klima, Jahreszeit und Region

Küche

- 1 Minikocher mit Gaskartuschen je nach Bedarf
- 1 Leichtmetalltopf
- 1 Pfanne
- 2 tiefe Teller aus Hartplastik
- 2 Becher oder Tassen aus Hartplastik
- 2 Gabeln, Messer und Löffel in Leinensäckchen
- 1 Holzspatel zum Rühren
- 2 Eierbehälter aus Hartplastik
- 6 Hartplastik-Dosen für Lebensmittel und Sandwiches
- 2 Küchenhandtücher
- 1 Küchenschwämmchen mit Topfkratzer
- 1 Flasche Spülmittel

Sonstiges

- 1 Klappspaten (zum Ausheben einer Toilettengrube)
- 1 starke Taschenlampe und Ersatzbatterien und -birne
- 1 Wassersack (besser als Eimer, da zu falten)

Packtierausrüstung

- 1 Unterlage
- 1 Traggestell
- 2 Seitenbehälter
- 1 Manta
- 1 Hufkratzer
- 1 Fellbürste
- mehrere Seile, Schnüre, Gurte, Spannsets
- 2 Halfter
- 2 Führstricke mit Panik-Haken
- 1 Elektro-Wanderzaun mit Batterien

Erste Hilfe (Mensch)

- 1 Touristen-Set (in der Apotheke erhältlich)
- 1 Packung Wasser-Desinfektionstabletten
- 1 Insektenschutzmittel
- 1 Desinfektionsmittel
- 1 Sonnenschutzmittel

Erste Hilfe (Packtier)

- 1 Fliegenschutzmittel
- Augensalbe + Heilsalbe + nicht klebende Gaze + Pflaster
- 2 Fesselbein-Bandagen
- 1 Reinigungsschwämmchen + Desinfektionsmittel
- 1 Pinzette + 1 Fieber-Thermometer

Persönliche Ausrüstung

- 1 Thermoskanne
- 1 Fernglas
- wasserbeständige Streichhölzer
- Imbiss für den kleinen Hunger
- Toilettenartikel, auf ein Minimum beschränkt
- evtl. Foto- oder Filmausrüstung
- Sonnenbrille bei Bedarf
- 1 Paar Handschuhe
- persönliche Medikamente
- 1 Taschenmesser

2 – 3 Rollen umweltfreundliches Toilettenpapier
1 Kompass
Wanderkarten
persönliche Ausweisdokumente
Zettel mit Notrufnummern für Mensch und Tier
Handy für Notruf

Kleidung
Ist sehr von Jahreszeit, Region und persönlichen Bedürfnissen abhängig. Am besten ausgerüstet ist man, wenn man das Zwiebelschalen-Prinzip beachtet: mehrere dünne und leichte Kleidungsstücke, die übereinander angezogen werden, statt dickere Kleidung.
Beispiel für eine Person:
- 6 Paar Strümpfe
- 6 Unterhosen
- 3 T-Shirts
- 1 Sweat-Shirt
- 1 Pullover
- 1 Regenjacke mit Kapuze
- 2 feste und bequeme Hosen
- 2 Paar Schuhe
- 1 Trainingsanzug

Essen
Die Menge hängt sehr stark von den Bedürfnissen und Gewohnheiten der Teilnehmer ab. Es ist gut, unterwegs weniger als sonst üblich zu essen, aber mehr zu trinken, jeden Tag pro Person mindestens einen Liter. Ansonsten Nahrungsmittel mitnehmen, die sich gut halten, wie z. B. Beispiel eingeschweißte Fleisch- und Wurstwaren, eingepacktes Brot, Müsli, Trockenmilch, Pulverkaffee, Teebeutel, Nudeln, loser Reis, Fertigsuppen in Tüten, eventuell einige Doseneintöpfe (Vorsicht vor zu viel Gewicht). Außerdem Grundzutaten zum Kochen immer in kleinsten Packungen für die vorausberechnete Menge: Öl, Essig, haltbare Mayonnaise, Senf, Zucker, Salz, Pfeffer, Gewürze, Trockenkräuter, Gemüse- oder Fleischbrühwürfel.

Dieses kräftige Maultier trägt die Nahrung für sich und die übrigen Packtiere.

Wichtig!

Gepäck richtig verzurren

Gepäck muss immer fest verzurrt sein, ohne das Tier in seinem Wohlbefinden zu sehr zu beeinträchtigen. Große Sorgfalt und Aufmerksamkeit beim Beladen versprechen einen ruhigen Wandertag ohne böse Überraschungen und Unterbrechungen. Nachlässigkeit rächt sich leicht und kostet dann mehr Zeit, als der Mehraufwand bei sorgfältiger Vorbereitung gewesen wäre. Beim Packen und Verschnüren gilt der Grundsatz: Eile und vermeintlich gesparte Zeit sind verlorene Zeit!

Knoten und Schlaufen

Knoten und Schlaufen sind beim Packen eine Wissenschaft für sich. Für den Freizeitbedarf sind hier einige Möglichkeiten zusammengestellt. Grundkenntnisse und die wichtigsten Sicherheitsknoten sind eine unverzichtbare Voraussetzung für denjenigen Menschen, der mit einem Packtier unterwegs sein will, gleich ob es für einen Tag oder mehrere Wochen ist. Gepäck löst sich selten in der Ebene bei trockenem Wetter unter einem schattigen Baum. Meist geschieht das in Spitzkehren auf schmalen Saumpfaden im Hochgebirge mitten im tosenden Gewittersturm. Da bleibt dann keine Zeit mehr zum Nachlesen, Versuchen oder Üben. Lederriemen, vorgefertigte Trekkingschnüre und Spannsets wie sie heute in guten Geschäften für Freizeitbedarf angeboten werden, erleichtern die Arbeit. Für einen verantwortungsbewussten Packtierwanderer muss es dennoch selbstverständlich sein, sich zumindest in Notfällen auch ohne diese Mittel helfen zu können.

Die wichtigsten Knoten

Jeder normale Knoten, der aus dem Alltag bekannt ist, ist brauchbar, hat aber den Nachteil, schwer lösbar zu sein und auf Dauer Seile zu zerstören. Der europäische Alltagsknoten hat bei den professionellen Packern in den USA den Namen **Overhand**.

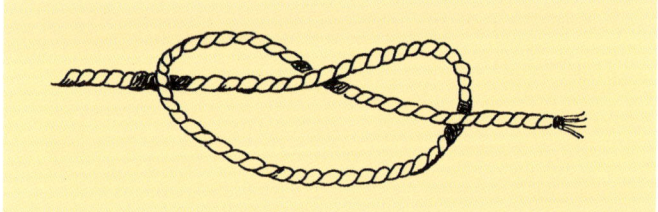

Leichter zu lösen, größer und fester ist dieser Knoten **ohne Namen**.

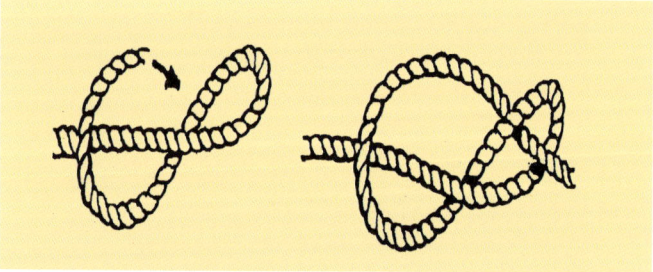

Illustrationen aus „Wanderung mit Packtieren" von Helene von Gugelberg und Ulf G. Stuberger.

Wandern mit Eseln

Eine Endschlinge wird beim Packen immer wieder benötigt, sie heißt **Honda**.

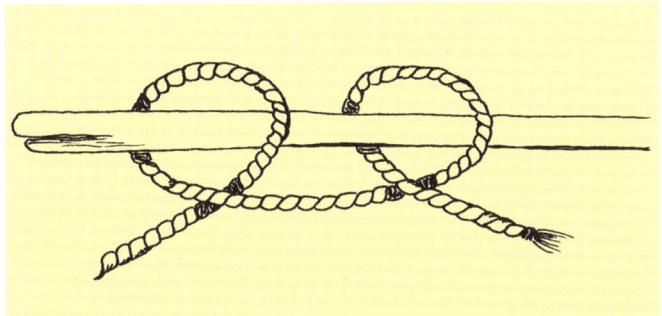

Als kurzfristige provisorische Befestigung an einer Querstange eignet sich der **Clove Hitch**. Dieser Schlingenknoten sollte allerdings **niemals** benutzt werden, falls ausnahmsweise ein Packtier ohne Aufsicht angebunden werden muss, was man ohnehin immer vermeiden sollte, der Clove Hitch löst sich leicht.

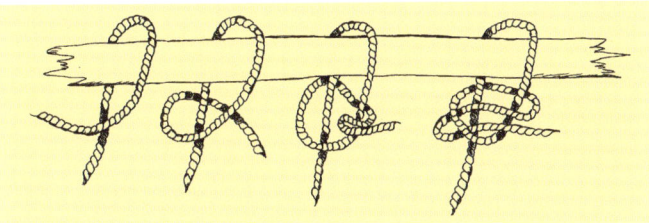

Künstler, Tüftler und Freunde der Western-Szene können einen klassischen Anbindeknoten probieren, den **Slip**.

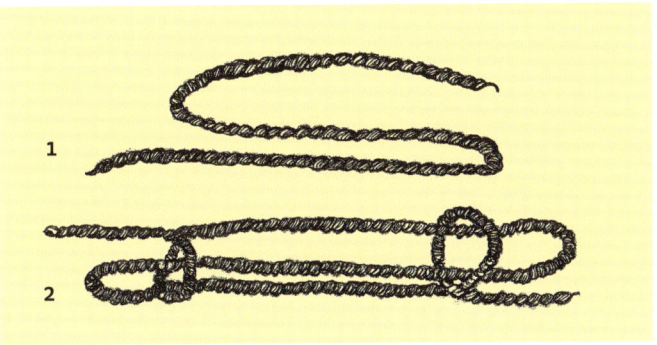

Ein Seil kann man verkürzen durch den **Sheep Shank**.

Illustrationen aus „Wanderung mit Packtieren" von Helene von Gugelberg und Ulf G. Stuberger.

Schlaufen

Neben den Knoten gibt es die meist viel komplizierteren Schlaufen, die gut zum Verzurren der Ladung auf einem Packtier verwendet werden können. Hier sind die wahren Könner erkennbar! Professionelle Packer können an einem Tier die scharfkantigsten, unhandlichsten Gegenstände so sicher festmachen, dass das Tier nicht behindert wird, die Befestigungen auch in Extremlagen sicher halten und im Notfall mit einem einzigen Ruck in Sekundenbruchteilen vom Packtierführer sofort und komplett gelöst werden können.

Für Freizeitzwecke sollte man eine Verzurrung auf jeden Fall beherrschen, den **Barrel-Hitch** (die Fass-Schlinge):

1. Mit einer Schlaufe (Honda) wird das Seil fest am vorderen Kreuz eines Traggestells befestigt. Danach das Seil im vorderen Kreuz über das Gestell und im hinteren Kreuz nach außen führen und so die zweite Schlinge bilden. Es muss noch genügend Seil übrig sein, um es über die gesamte Ladung führen zu können.

2. Das Ladungsstück (in Fassform) zuerst durch die vordere Schlinge führen, dann durch die hintere. Die vordere Schlinge sehr fest zurren, durch Zug am unteren Ende der hinteren Schlinge. Dann die hintere Schlinge durch Zug am freien Seilende festziehen.

Illustrationen aus „Wanderung mit Packtieren" von Helene von Gugelberg und Ulf G. Stuberger.

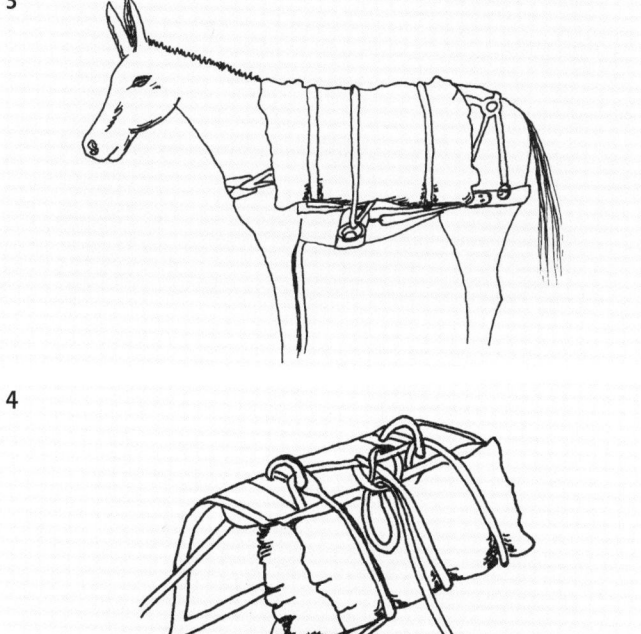

3. Das freie Seilende durch den Ring des Bauchgurtes ziehen und über die Ladung zum Rücken führen, dort unter das Seil zwischen den Gestellkreuzen geben.

4. Das freie Seilende festzurren und mit einem Packknoten befestigen, Seilrest mit einem oder eineinhalb Schlägen verarbeiten, sodass noch ein Stück frei hängt.
Diese Befestigung ist im Notfall mit einem einzigen Ruck zu lösen. Dadurch wird das Tier augenblicklich der gesamten Beladung entledigt.

Den **Standardknoten** zum Anbinden an einem Pfahl, einem Ring oder ähnlichen Vorrichtungen kennen Menschen, die häkeln, unter dem Begriff Luftmasche.

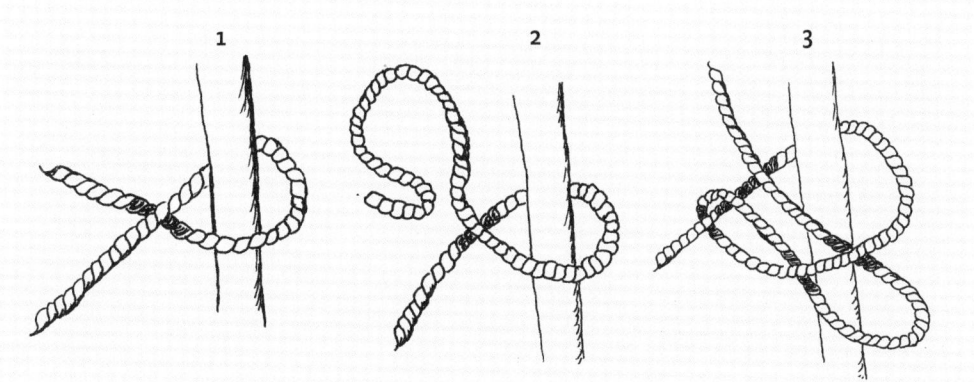

Illustrationen aus „Wanderung mit Packtieren" von Helene von Gugelberg und Ulf G. Stuberger.

Vorsorge und Hilfe im Ernstfall

Wie bereits mehrfach betont, sollte jedes Packtier bei bester Gesundheit sein. Dazu ist Vorsorge zu treffen. Packtiere müssen das ganze Jahr über gut versorgt, aufmerksam betreut und selbstverständlich gepflegt und beobachtet werden. Alle Veränderungen im Verhalten und bei den Gewohnheiten, Nahrung aufzunehmen, sind meist erste Hinweise auf eine Erkrankung. Sie sollten sofort ernst genommen, überprüft und wenn nötig behandelt werden. Zur Vorsorge gehören die regelmäßige artgerechte Fütterung, Bewegung an frischer Luft und unter Licht und eine sachgerechte regelmäßige Entwurmung. Impfungen sind je nach Region nicht nur zur Gesundheitsvorsorge notwendig, sondern sogar gesetzlich vorgeschrieben, vor allem bei einer Nutzung als Packtier mit anderen Menschen. Die im Folgenden beschriebenen tiermedizinischen Hinweise sind nach bestem Wissen, eigenen Erfahrungen und Rat durch Veterinäre zusammengestellt worden. Verlag und Autor müssen aus rechtlichen Gründen dennoch in aller Form jede Gewährleistung und Haftung dafür ablehnen. Für engagierte Packtierwanderer ist die Lektüre von Fachliteratur unbedingt zusätzlich zu empfehlen.

Der Huf

Esel haben in unseren Breiten leider oft Problemhufe. Ihre wilden Vorfahren haben auch den domestizierten Hauseseln mitgegeben, sich auf felsigen, harten und trockenen Böden der Halbwüsten und Wüsten zu bewegen. Sie müssen dort wegen des geringeren Nahrungsangebotes lange Strecken zurücklegen, um ihren Bedarf zu

Info

Pensionstiere

Esel, die als Pensionstiere das ganze Jahr über nicht oder nur selten von ihren Besitzern versorgt und betreut werden oder gar in der von Tierschützern abgelehnten Boxenhaltung leben müssen, sind als Packtiere ungeeignet. Wenn sie dennoch eingesetzt werden sollen, müssen sie auf den Aufenthalt im Freien mindestens ein halbes Jahr lang vorbereitet und als Packtiere zum Führen und Tragen ausgebildet werden. Auch der Besitzer eines Pensionstieres muss sich parallel dazu ausbilden oder ausbilden lassen. Er muss sich daran gewöhnen, die Verantwortung für sein Tier ganz zu übernehmen. Er muss lernen, sein Tier auch in neuen Situationen richtig einzuschätzen. Er muss den Unterschied zwischen Schwäche und Widersetzen seines Tieres kennenlernen und dessen Reaktionen bei Gefahr richtig deuten können.

befriedigen. Fette Weiden wie in Europa sind Eseln bis heute genetisch fremd.

Darum wachsen die Hufe der Esel viel schneller als die von Pferden und Maultieren. Sie müssen mindestens alle zwei Monate geschnitten werden. Das hat unbedingt durch Hufpfleger zu erfolgen, die Erfahrung im Umgang mit Eselhufen haben. Eselhufe sind in einem anderen Winkel zu schneiden als Pferde- und Maultierhufe, Schäden sind auf andere Weise zu beheben.

Die Grundkenntnisse über den Aufbau und die Pflege eines Hufes müssen alle Packtierwanderer gleich beherrschen.

Ein Huf sieht von unten so aus:

Wichtig!

Gesunde Hufe

Das Packtier hat die Ladung zu tragen. Ohne gesunde Hufe ist das nicht möglich. Darum muss den Hufen besondere Aufmerksamkeit geschenkt werden – das ganze Jahr über, nicht erst kurz vor einer Wanderung!

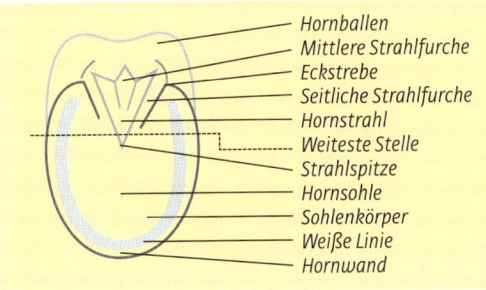

- Hornballen
- Mittlere Strahlfurche
- Eckstrebe
- Seitliche Strahlfurche
- Hornstrahl
- Weiteste Stelle
- Strahlspitze
- Hornsohle
- Sohlenkörper
- Weiße Linie
- Hornwand

Vorsorge und Hilfe im Ernstfall

> **Info**
>
> **Laminitis und Hufrehe vorbeugen**
>
> *Zu üppige, das heißt zu proteinreiche Ernährung führt bei Eseln rasch zu Laminitis und Hufrehe. Darum muss jeder Eselführer den Hufen seines Tieres besondere Aufmerksamkeit schenken.*

Alle vier Hufe eines Packtieres sollten vor Beginn einer Wanderung ausgiebig kontrolliert werden. Nur dann, wenn kein Zweifel daran besteht, dass alle vier Hufe sich in einwandfreiem Zustand am Tag des Beginns der Wanderung befinden, darf das Tier zur Arbeit eingesetzt werden. Wer sich dabei selbst täuscht oder nachlässig ist, kann bald mitten in der Natur große Probleme bekommen, die sehr wahrscheinlich zum unweigerlichen Abbruch der Tour führen.

Auf Fremdkörper achten

Alle Hufe müssen während der Wanderung mindestens zweimal täglich gründlich kontrolliert und mit einem Hufkratzer ausgeputzt werden. Alle Fremdkörper, wie kleine Steinchen, Holzsplitter, sind sorgfältig zu entfernen. Sobald der Verdacht besteht, dass sich ein

Packtier einen Fremdkörper in den Huf getreten hat, ist sofort anzuhalten, alle vier Hufe sind zu kontrollieren und zu reinigen. Darum muss jeder Packtierführer den Gang seines Tieres unablässig beobachten. Oft ist es schon zu spät, wenn er bemerkt, dass ein Tier hinkt. Sobald man unterwegs trotz vorheriger ausreichender Übung bemerkt, dass ein Tier klamm geht, also „wie auf Eiern" seine Gliedmaßen am Boden absetzt, ist das eine Vorwarnung für bevorstehende Lahmheit. In einem solchen Fall muss die Wanderung sofort für mehrere Tage unterbrochen werden, bis das Tier wieder normal gehen kann. Auch bei gelinderen Anzeichen ist die Tagesleistung zu reduzieren, am besten auf ein Drittel und wo möglich sollte das Tier nur auf weichem Boden laufen. Sobald das Tier zu lahmen beginnt, ist die Tour abzubrechen.

Nageltritt

Darunter versteht man die Verletzung des Hufes durch festes Eintreten eines spitzen Gegenstandes, nicht unbedingt eines Nagels. Zunächst ist die Art der Verletzung festzustellen, dann die Richtung, in die der Fremdkörper in den Huf eingedrungen ist und wenn möglich dessen Beschaffenheit. Dann versucht man, den Gegenstand im selben Winkel, in dem er eingedrungen ist, mit einer Greifzange herauszuziehen. Dabei darf kein Rest im Huf zurückbleiben. Bei der nächsten Gelegenheit ist ein Tierarzt aufzusuchen.

Lahmen

Dafür gibt es viele Ursachen. Plötzlich auftretende Lahmheiten können von selbst heilen, meist sogar recht rasch. Oft treten sie nach einem kurzen Fehltritt auf. Die Tiere schonen lediglich den Fuß ein paar Tritte und gehen dann wieder normal. Wenn nicht, muss darauf untersucht werden, ob sich ein Fremdkörper eingetreten hat. Ist die Ursache nicht festzustellen, versucht man, das Tier, wenn möglich abgepackt, bis zum nächsten Ort zu führen. Sollte die Lahmheit sehr stark sein, ist die Tour abzubrechen und ein Tierarzt herbeizuholen. Notfalls muss das Tier mit einem Spezialfahrzeug oder Anhänger transportiert werden. Heiße Gelenke, verletzte Sehnen, Zerrungen, Schwellungen sind zwingend ein Grund, die Tour abzubrechen.

Dieser kräftige große Esel in Namibia geht nur auf natürlichem Boden, wie man an den perfekten Hufen gut erkennen kann.

Info

Hufschuhe

Außer dem Barfußgang gibt es noch die Möglichkeit, Hufschuhe zu verwenden, die schonender sind, da keine Nägel ins Horn geschlagen werden müssen. Hufschuhe werden oft nur dann übergezogen, wenn es das Gelände verlangt. Solche Hufschuhe müssen exakt sitzen. Für Esel gibt es sie nicht handelsüblich, sie müssen auf Maß gefertigt werden.

Info

Eingetretene Steine

Sie dringen meist in Strahlfurchen, Strahlgrube oder die Lamina ein. Sie sind mit einem Hufkratzer so herauszuhebeln, dass keine zusätzliche Verletzung entsteht. Vor allem bei unbeschlagenen Tieren ist eine häufige Kontrolle nötig. Rollsplitt, Kieswege und ähnliche Untergründe stellen für das Eintreten von Steinen ein besonderes Risiko dar.

Überforderung

Wird ein Packtier entgegen den im Kodex festgelegten Richtlinien vom Packtierführer mehr als aus tierschützerischer Sicht zulässig genutzt, können Überforderungen zu akuten oder bleibenden Schäden führen wie etwa zu Sehnenzerrungen, Überbeinen, Gallen und allgemeiner körperlicher Erschöpfung. Beschleunigte Atmung, rasender Puls, stark schlagende Flanken, Mattigkeit, schwankender oder stolpernder Gang, aufgerissene Nüstern, übermäßiger Schweißausbruch, zu heftig pochender Herzschlag, Fieber oder gar Verweigerung von Futter und/oder Wasser sind Zeichen starker Erschöpfung, wozu man es auf keinen Fall kommen lassen darf. Solche Zustände stellen nicht selten eine rasch eintretende akute Lebensgefahr für das Tier dar! In jedem Fall ist bei dem geringsten Anzeichen sofort zu entladen und abzupacken. Während einer Tagespause sind dann Nüstern und Maul des Tieres mit Wasser abzuwaschen, es soll grasen und trinken können und nicht angebunden sein. Bemerkt man eine Erholung, ist die Pause weiter fortzuführen. Erst wenn man sicher ist, dass das Tier seine alten Kräfte voll und ganz wiedergewonnen hat, darf wieder gepackt und beladen werden. Unterwegs wird jede Gelegenheit zum Tränken genutzt. Täglich wird rektal Fieber gemessen. Pausen können die Normalisierung eines abweichenden Zustandes herbeiführen. Gelingt das nicht, ist sofort ein Tierarzt zu rufen!

> **Tipp**
>
> Für unterwegs gilt als Faustregel: Isst und trinkt das Tier wie gewohnt, ist es relativ gesund. Verweigert es die Aufnahme von fester und/oder flüssiger Nahrung, ist die Tour abzubrechen.

Hitzschlag

Davon werden Esel kaum betroffen, da sie ihrer Herkunft nach aus den heißesten Gebieten der Erde stammen. Selbst in sehr heißen Sommern kann dieses Gesundheitsproblem in unseren Breiten kaum auftreten. Schweißausbruch, erhöhte Atmung und Puls, ansteigende Temperatur und das Verweigern von Wasser sind Anzeichen für diese lebensgefährliche Erkrankung, die rasch zu Atemnot, Schwanken, Zittern und einem Zusammenbruch führen kann. Sollte so ein Fall eintreten, ist sofort für Schatten zu sorgen, Kopf, Hals und Innenseite der Beine müssen kalt abgewaschen werden, bis der Tierarzt kommt.

Insekten

Sie stellen bei Wanderungen oft ein großes Problem für die Packtiere dar. Es gibt zwar handelsübliche Schutzmittel, keines hat sich jedoch trotz anderslautender Werbung als voll wirksam gezeigt.

Vor allem bei staubigem und windigem Wetter tränen die Augen mancher Tiere leicht. In den sich dadurch bildenden Ausflüssen tummeln sich Insekten, die gelegentlich Wunden ins Fleisch fressen können, die für uns Menschen gefährlicher aussehen, als sie sind. Solche Verletzungen sind zu desinfizieren, gleich wo sie sich am Körper befinden. Dabei niemals die Augenschleimhäute benetzen! Es gibt gute Heilsalben gegen Verletzungen, die man mitnehmen sollte.

Zecken

Zecken sind große Plagegeister und können schwerste Krankheiten übertragen. Sie sind bei allen Pausen vom Packtierführer am ganzen Körper des Tieres zu suchen und mit einer Pinzette entgegen dem Uhrzeigersinn aus dem Körper zu drehen. Herausgezogene Zecken sind in einer Flamme zu verbrennen, nicht einfach wegzuwerfen, sie finden sonst leicht den Weg zurück. Nach der Behandlung muss sich der Mensch gründlich die Hände waschen! Es ist übrigens bis heute ungeklärt, warum Esel wenig von Zecken befallen werden.

Abschürfungen

Sie können trotz korrekten Packens vorkommen. Alle Wunden müssen desinfiziert und mit einer guten Heilcreme behandelt werden. Es gibt so gute und rasch wirkende Mittel, dass bereits nach einer Einwirkungszeit über Nacht die Hautbildung so weit gediehen ist, dass die Wanderung mit besonderer Umsicht fortgesetzt werden kann. Bei größeren Verletzungen muss der Mensch sein Gepäck oder einen Teil davon selbst tragen.

Diese Himbafrau im Norden Namibias bringt ihr Kind zur nächsten Klinik.

Augenverletzungen

Sofort den Tierarzt hinzuziehen, eine Behandlung durch Laien ist nicht möglich.

Koliken

Sie sind Zeichen von falscher Ernährung oder Vergiftung. Kleine Koliken gehen vorüber, bei schweren legt sich das Tier hin, stöhnt und schaut auf seinen Bauch. Dann ist nur die sofortige Hinzuziehung des Tierarztes eine Möglichkeit, das Leben des Tieres zu retten. Wenn man sich in einer Region bewegt, in der es ein Netz gibt, kann ein Handy das Leben des Tieres retten.

Kodex für Esel und Maultiere

Allgemeine Arbeitsbedingungen

(Nach: The International Donkey Protection Trust and the World Society for the Protection of Animals)

1. Die maximale Arbeitszeit für einen Esel oder ein Maultier darf sechs aufeinanderfolgende Tage nicht überschreiten, danach ist ein ganzer Ruhetag einzulegen. Esel und Maultiere dürfen nicht länger als eineinhalb Stunden in ununterbrochener Arbeit eingesetzt werden, danach muss eine Pause von einer halben Stunde eingelegt werden. Ein Esel oder ein Maultier darf nicht länger als täglich acht Stunden angeschirrt, gepackt oder gesattelt sein.

2. Die gesamte Ausrüstung, die benutzt wird, muss in einem guten technischen Zustand sein, der Körperform angepasst und sauber, um alle Arten möglicher Abschürfungen und Verletzungen sowie Beeinträchtigungen des Wohlbefindens des Tieres zu vermeiden.

3. Jede Exkursionsgruppe muss von einer erwachsenen Person begleitet werden, die in der Führung von Eseln und Maultieren ausgebildet ist und die gesamte Verantwortung für das Tier trägt. Bei größeren Gruppen sind professionelle Begleiter nötig.

4. Kein Esel oder Maultier darf mit einem Gewicht beladen werden, das seine Kräfte überfordert, die je nach Körpergröße, Alter und individueller körperlicher Verfassung des Tieres sehr unterschiedlich ist. Die folgenden Leitlinien für das zulässige Maximalgewicht müssen jedem Packtierführer im Gedächtnis sein:

a) Kleine Esel oder Maultiere unter 102 cm Stockmaß dürfen nur Kinder oder alternativ Gepäck bis höchstens 40 Kilogramm tragen.
b) Mittelgroße Esel oder Maultiere zwischen 102 cm und 112 cm Widerrist-Stockmaß dürfen höchstens 63 Kilogramm tragen.
c) Große Esel oder Maultiere über 112 cm Widerrist-Stockmaß dürfen höchstens 76 Kilogramm tragen.
d) Sehr große Esel oder sehr große (Poitou-)Maultiere über 125 cm Widerrist-Stockmaß dürfen höchstens 90 Kilogramm tragen.

5. Lahme oder kranke Esel oder Maultiere dürfen nicht zur Arbeit eingesetzt werden.

6. Der Veranstalter muss mindestens zehn Prozent mehr Esel oder Maultiere zur Verfügung haben, als er zur Arbeit einsetzt. Diese Tiere müssen in einwandfreier körperlicher Verfassung sein und jederzeit ein krankes Tier ersetzen können. Für Mehrtageswanderungen und Mehrtagesarbeit weit entfernt vom Ausgangsort ist ein unbelastetes Zusatztier mitzuführen, das jederzeit unterwegs ein schwach werdendes Tier ersetzen kann.

7. Esel-Zuchthengste dürfen nicht zur Arbeit oder für touristische Zwecke eingesetzt werden und müssen in einem von den Arbeitstieren abgetrennten Bereich gehalten werden.

8. Eine Eselstute mit Fohlen darf nicht vor dem Ablauf des achten Monats nach der Geburt und nicht länger als bis drei Monate vor einer Geburt für Arbeiten eingesetzt werden. Ausnahmen sind nur bei bestimmten Tieren möglich, deren Zustand und Fähigkeiten der Eselhalter genau kennen muss. Der Halter von Eseln, die sowohl zur Zucht als auch zur Arbeit eingesetzt werden, muss ständig alle Informationen über Rosse, Deckdaten, Trächtigkeit der betreffenden Tiere aufzeichnen und abrufbar haben. Unkontrollierte (freie) Vermehrung solcher Tiere ist nicht statthaft. Tiere, die trächtig sind, müssen ab einem bestimmten Zeitpunkt in einem gesonderten Areal gehalten werden.

Nur große Esel dürfen erwachsene Menschen tragen. Wer mehr als 90 kg wiegt, darf nicht reiten.

Ein gut gepflegter Esel wartet auf seinen Reiter.

9. Esel und Maultiere dürfen nicht vor dem vollendeten dritten Lebensjahr geritten und bis zum vierten vollendeten Lebensjahr mit höchstens 38 Kilogramm belastet werden. Die Arbeitszeit darf bis zum vierten vollendeten Lebensjahr drei Stunden am Tag nicht überschreiten.

10. Auf jeder Exkursion muss ein Hufräumer von dem verantwortlichen Eselführer mitgeführt werden. Dieser muss in der Lage sein, unterwegs auftretende Hufprobleme eigenständig zu beheben und ist verpflichtet, sofortige ärztliche Hilfe zu holen, wenn er keine Abhilfe schaffen kann.

Gesundheit und Fütterung

11. Die Hufe von Eseln und Maultieren, die zur Arbeit eingesetzt werden, müssen mindestens zweimal täglich inspiziert und gesäubert werden. Falls sie beschlagen sind, muss diese Arbeit von einem professionellen Hufschmied gemacht worden sein. Die Hufe der Arbeitstiere und die etwaigen Eisenbeschläge müssen je nach Zustand alle drei bis vier Wochen beschnitten und/oder erneuert werden, wenn erforderlich sogar häufiger.

Esel und Maultiere mit losen Eisen dürfen nicht zur Arbeit eingesetzt werden. Wenn zu erwarten ist, dass sie eine längere Zeit nicht zur Arbeit eingesetzt werden, sind die Beschläge zu entfernen.

12. Der längste Zeitabstand zwischen den Fütterungen von Eseln und Maultieren darf höchstens zwölf Stunden sein. In den meisten Fällen ist dreifache tägliche Fütterung erforderlich. Das arbeitende Tier muss in einem nicht überernährten, aber agilen Zustand gehalten werden.

13. Mehrere Tiere müssen zur Fütterung ausreichenden Platz zur Verfügung haben, um ihre Nahrung ohne Aggressionen gegen andere Gruppenmitglieder aufnehmen zu können. Für langsam essende und ängstliche Tiere muss jeweils ein gesonderter Bereich zur Verfügung gestellt werden. Die Nutzung natürlicher Aggressivität für Schauzwecke (Rodeo etc.) ist nicht erlaubt.

14. Esel und Maultiere müssen ständig Zugang zu frischem Wasser haben, wenn sie nicht arbeiten.

15. Angemessener Schutz vor Sonne, Regen und Wind muss allen Eseln und Maultieren gewährt werden, die nicht arbeiten.

16. Alle Esel und Maultiere müssen routinemäßig mindestens alle sechs Monate von einem Tierarzt oder einem von Amts wegen dazu beauftragten Beamten inspiziert werden. Die von dem Veterinär erteilten Behandlungs- und Heilungsgebote müssen uneingeschränkt befolgt werden.

Wer die Richtlinien der Allgemeinen Arbeitsbedingungen beachtet, wird viele Jahre Freude an seinem treuen Partner haben.

Service

Zum Weiterlesen

Leider war zwischen diesen Buchdeckeln nicht genügend Platz für meine sehr umfangreiche Literaturliste. Der Kosmos-Verlag hat sich freundlicherweise dazu bereiterklärt, den Lesern einen ganz besonderen Service anzubieten. Über die Emailadresse info@kosmos.de kann die komplette Liste gratis angefordert werden. Hier werden nur die mir am wichtigsten erscheinenden Titel aufgeführt:

American Donkey & Mule Society, Inc.: Pack Burro, ohne Orts- und Jahrgangsangabe
Ayrault, A.: De l'Industrie Mulassiere en Poitou, Paris 1987
Beck, J.: Horses, Hitches and Rocky Trails, Illionois 1959
Berry, C.: Donkey business, Duns Creek 1980
Berry, C.: Donkey business II, Australia ohne Ortsangabe 1991
Borwick, R.: Esel halten (deutsche Übersetzung U. Commerell) Stuttgart 1984
Brown, E. u.a.: Packing in on Mule and Horses, Missoula 1980
Clutton-Brock, J.: Horse Power, a history of the horse and the donkey in human societies, Cambridge 1992
Durrel, L./Colorado State University: Packing and Outfitting, ohne Orts- und Jahrgangsangabe
Eckardt, E. und Steinert, J.: Ein Arbeitstier hat ausgedient, Hamburg 1997
Flade, J.E.: Der Hausesel, Wittenberg 1990
Groves, C.P.: Horses, asses and zebras in the wild, London 1974
Gugelberg, H. von und Bähler, C.: Alles über Maultiere, Cham 1994
Gugelberg, H. von und Stuberger, U.G.: Wanderung mit Packtieren, St. Moritz und Hablutz 1999
Hailer: Die Maultierzucht im Poitou, Mitteilungen der deutschen Landwirtschaftsgesellschaft N° 22, 1907
Heck, H.: Die Rückzüchtung ausgestorbener Tiere, München ohne Jahrgang
Hutchins, P. und B.: The Definitive Donkey, ohne Ortsangabe 1981
Klingel, H.: Dauerhafte Sozialverbände beim Bergzebra, ohne Ortsangabe 1969
Klingel, H.: Zur Soziologie des Grevy-Zebras, ohne Ortsangabe 1969
Klingel, H.: Grevy-Hengste sind duldsamer als andere Zebras, München 1969
Klingel, H.: Soziale Organisation und Verhalten des Grevy-Zebras (Equus grevyi), ohne Ortsangabe 1974
Klingel, H.: Observation on social Organisation and behaviour of African and Asiatic wild asses (Equus africanicus and Equus hemionus), ohne Ortsangabe 1977
Krüger W.: Unser Pferd und seine Vorfahren, Berlin 1939
Lux, I. und Ponseele, van de I.: Avoir un âne chez soi, Liguge 1995
Lydekker, R.: Notes on the specimen of wild asses, ohne Ortsangabe 1904
Mertz, B.: Vergleichende Untersuchungen zweier Zebraarten (Equus zebra hartmannae und Equus grevy), Bern 1982
Mertz, B.: Vergleichende Untersuchungen zum Sozialverhalten zweier Zebraarten (Equus zebra hartmannae und Equus Grevy), Bern 1985
Metz, R.: Bien connaitre les anes et les mules Paris 1996
Michell, G.: Das Buch der Esel, Jena 1886
Michel, B.: Bildung, Erhaltung und Transformation sozialer Einheiten beim Hausesel, Bern 1990
Morris, D.: Horsewatching (deutsche Ausgabe), München 1988

Nachtsheim, H.: Vom Wildtier zum Haustier, Berlin 1949
Osten, J.: Pack donkey on the trail, Cooroy 1991
Rai, F.: Ohne Peitschen, ohne Sporen, München 1992
Rai, F.: Natürliches Reiten, Augsburg 1996
Rai, F.: Natürliches Reiten (Video), Dasing 1996
Ravenau, A.: Le livre da l'âne, Paris 1994
Reveleau, L.: Les courses asine en Vendee, Paris 1986
Riemenschneider, C. (Pseudonym): Esel als Haustiere, Sarrebourg 1999
Roberts, M.: Join up, die sanfte Methode (Video), Stuttgart 1998
Roberts, M.: Der mit den Pferden spricht, Bergisch-Gladbach 1997
Rödder, F.: Gesunder Huf, gesundes Pferd, Zürich 1982 Sand Diego 1977
Savory; T.H.: The Mule, Bushey 1979
Schnidrig, R.: Untersuchungen zur Sozialstruktur einer in Gefangenschaft gehaltenen Gruppe Somali-Wildesel, Bern 1988
Sebald, o.: Wildpflanzen Mitteleuropas, Stuttgart 1989
Stamm, M.: The Mule Alternative, Dugway 1992
Stein, L.: Wandervolk der Wüste, Leipzig 1983
Steinert, J. und Eckardt, E.: Ein Arbeitstier hat ausgedient, Hamburg 1997
Strasser, H.: Gesunde Hufe ohne Beschlag, Friedberg ohne Jahrgangsangabe
Strasser, H.: Huforthopädie, Friedberg 1991
Strasser, H.: Die praktische Arbeit am unbeschlagenen Huf, Wölfersheim 1994
Stuberger, A.: Erziehung von Eseln, Sarrebourg 1999
Stuberger, U. G.: Die Größten Esel der Welt, Sarrebourg 1998
Stuberger, U.G. und Voltmer, M.: Freizeit und Zucht mit Eseln (Video), Saarbrücken und Sarrebourg 1998
Stuberger, U.G.: Esel als Haustiere, Sarrebourg 1999
Stuberger, U. G.: Die Phylogenese der Pferde, Zu den Höwenegg-Grabungen 1950–1959, Karlsruhe 1970
Stuberger, U.G.: Zebrule oder: Wie das Maultier zu Streifen kam. Walscheid 1994
Trachsel, B.: Untersuchungen zur Sozialstruktur und deren Entwicklung beim Hausesel (Equus asinus asinus), Bern 1986
Travis, L.: The Mule, London 1990
Trumler, E.: Beobachtungen an den Böhm-Zebras des Georg-von-Opel-Freigeheges für Tierforschung, ohne Ortsangabe 1958 und 1959
Trumler, E.: Das „Rossigkeitsgesicht" und ähnliches Ausdrucksverhalten bei Einhufern, ohne Ortsangabe 1959
Tschanz, B.: Funkkolleg: Psychobiologie – Verhalten bei Mensch und Tier, Weinheim 1987
Uerpmann, H.P.: Equus africanus, Wiesbaden 1991
UNIC: Annuaire Equus, Paris 1988-1998
United States of America: Packing, Department of the Army Field Manual N° 25-7, Flagstaff 1989
Vogel, M.: Onos lyras, 2 Bände, Düsseldorf 1973
Voltmer, M. und Stuberger, U. G.: Freizeit und Zucht mit Eseln (Video), Saarbrücken und Sarrebourg 1989
Wagner, F.H.: Tierleben in der Wüste, München 1980
Weise, H.: ABC zur Frage Esel oder Pony, Laasphe 1968
Werth, E.: Zur Abstammung des Hausesels, Berlin 1930
Werth, E.: Zur Verbreitung und Geschichte der Transporttiere, Berlin 1940
Woodward, S.L.: The social Systems of feral asses (Equus asinus), ohne Ortsangabe 1979
Würbel, H.: The relationship between social structure and mating system in donkey (Equus asinus asinus), Bern 1990

Register

Abgrenzung für Eselweiden 46
Abnabelung 99
Abschürfungen 211
Absetzen der Fohlen 104
Abwehrkräfte 61
Afrikanischer Wildesel 148
Aggressionen gegen Fohlen 101
Aggressivität 40
Ägyptischer Weißesel 143
Albino-Esel 143
Andalusischer Esel 142
Ankaufsuntersuchung 32
Artgerechte Haltung 78 f.
Asiatischer Wildesel 152
Atemfrequenz 65
Aufladbare Autobatterien 51
Aufzucht von Hand 102 f.
Augenverletzungen 211

Baudet du Poitou 108 ff.
– Artgerechte Haltung 123 ff.
– Bestand 118
– Deckscheine 113
– Deckzeitraum 120
– Fell-Linien 111, 115, 128
– Fohlen 127
– Geschichte 114
– Haltung 117
– Herkunft 114
– Hufpflege 129
– Junghengste 120
– Kennzeichnungspflicht 111
– Künstliche Befruchtung 123
– Nutzung 117
– offizieller Standard 109
– Pflege 126
– Probleme der Zucht 122
– Trächtigkeitsdauer 120

– Unfruchtbarkeit 119 f.
– Vorsorge 128
– Zuchtbuch 108 f.
Bergzebra 157
Bezeichnungen, falsche 90
Bouchard-Esel 142
Bourbonen-Esel 139
Breitband-Wurmmittel 61
Bürsten 66

Calcium 62, 100
Charakterliche Verbildungen 84
Cotentin-Esel 136 f.

Decken an der Hand 93 f.
Deutscher Zuchtesel 90, 145
Deutscher Zwergesel 146
Diebstahlschutz 51
Dollman-Esel 151
Doppelzaunanlage 53
Dressur 79
Dschiggetai 152
Durchfall 103

Einhufer 15
Elektrodraht 44, 48 f.
Elektronischer Chip 31, 105
Elektrozaun 48
Elektrozaungeräte 51
Elterntiere 32
Entwicklung 14 ff.
Entwurmungspräparate 61
Equiden in der Geschichte 77 f.
Equidenpass 32 f.
Erhaltungszuchtprogramme 38
Ernährung 67 ff.
– der Eselstute 103
– während der Trächtigkeit 71
Erscheinungsbild, typisches 70
Erstgebärende Stuten 98
Erziehung 76 ff.

Eselarten 106 ff.
Eselfohlen 47
Eselfütterung 42 f., 72 ff.
Eselhengste 81
Eselhufe 206 ff.
– beschlagen 59
– deformierte 58 f.
– versteckte Defekte 59
Eselkauf 26 ff.
– aus privater Hand 30 f.
– vom Händler 30
– vom Züchter 29
Eselmilch 22
Eselnutzung 151
Eselrassen 106 ff.
Eselstuten 82
Eseltypische Sozialstruktur 81 f.
Eselzucht in Deutschland 29

Fäulniserkrankungen 41
Fellkraulen 66
Fellpflege 65 f.
Fluchtinstinkt 83 f.
Fohlen 100
Folgekosten 36
Fortpflanzung, natürliche 93
Futterplatz reinigen 43
Futterrationen 72
Fütterungszeiten 68

Gascogne-Esel 143
Geburt 97 ff.
Gegenseitige Fellpflege 66
Genealogie-Verzeichnis 106
Genetische Schäden 93
Geschichte der Esel 8 ff.
Gesundheitlich unbedenkliche Materialien 50
Gesundheitsrisiken 50
Gewichtsempfehlung 73
Giftpflanzen 68 f., 103
Gobi-Halbesel 153
Grand Noir du Berry 130
Grevyi-Zebra 156

Haltung
– artgerechte 39
– naturnahe 39 f.
– Eselhengste 39 f., 52 f.
– Eselstuten 40
Hautpflege 65 f.
Hemip 155
Heu 43
Heuglin-Esel 151
Hierarchieverhalten 43
Hitze, Anpassung an die 37 f.
Hitzschlag 210
Holsteiner Mülleresel 146
Holsteiner Riesenesel 146

Hufpflege 57 ff.
Hufrehe 68, 208
Hufschuhe 209

Identitätsnachweise 105
Impfungen 33, 60
Indischer Halbesel 153
Insekten 65, 210
Intelligenz 11 f.
Inzucht 81 f.
Irischer Scheckenesel 146

Junghengste 83

Katalanen-Esel 130 f.
Kaufpreis 36
Kaufvertrag 31
Khiang 154

Khur 153
Kinder 27 f.
Kinderspielzeug 23
Klee 68
Knoten und Schlaufen 202 ff.
Knotengitterzaun 44
Koliken 211
Kolostralmilch-Bank 102
Kontakt, menschlicher 57
Körnerfutter 43
Körperpflege 57 ff.
Körpertemperatur 64 f.
Korsischer Esel 145
Kraftfutter 74
Krankheiten erkennen 62 ff.
Kratzbaum 48
Kulan 155
Künstliche Befruchtung 94 f.

Register 221

Lahmen 209
Laminitis 208
Leonez-Zamorano-Esel 144
Luftzirkulation 42
Lungenwürmer 61
Luzerne 68

Magerweiden 69
Malteser Esel 144
Mammalia 16
Mammoth Jackstock 140 f.
Manta-Plane 199
Martina Franca 132
Maße des Esels 31
Maulesel 19
Maultier 19
Medizinische Vorsorge 60 ff.
Melken 102
Mindestanforderungen 28
Mineral-Lecksteine 75
Mineralstoffe 62
Mini-Esel 27
Missverständnisse 23
Mongolischer Halbesel 152
Mustangs 18
Nabelschnur 99

Nachgeburt 101
Nageltritt 209
Nahrungsaufnahme 67 f.
Natürliche Vermehrung 89 ff.
Natürlicher Schutzreflex 83
Nessendorfer Hausesel 146
Normalzustand des Esels 64
Normannen-Esel 135 f.
Nubischer Wildesel 148 f.
Nutzung, zu frühe 85

Onager 80, 154
Organisation des Zuchtbetriebes 92 ff.

Packing 160
Packtiere 160 ff.
– Anforderungen an 162
– Fellpflege 176
– Geschwindigkeit 194
– moderne Nutzung 161 ff.
– Nahrungsaufnahme 191 f.
– Reihenfolge der 183
– Ruhepausen 193
Packtierwanderungen 160 ff.
– Ausrüstungsgegenstände 195 ff.
– Bauchgurt 182
– Beladen 182
– Erste Hilfe 106 ff.
– Führen 183 ff.
– Gepäck vorbereiten 176 f.
– Gurte 180
– Hintergeschirr 181
– ideale Wege 172 f.
– Kurse 165
– Packstücke 197 f.
– Planung 170 ff.
– Prüfungen 165
– Rast 188 f.
– Traggestell 178 f., 196 f.

– Trainingsplan 169
– Unterlage 178, 195
– Vorbreitungen 169
– Vorgeschirr 180
– Vorsorge 206 ff.
Pantelleria-Esel 144
Persischer Halbesel 154
Pferde 43
Pflege 55 ff.
Platzangebot 52 ff.
Poitou-Esel 108 ff.
Provence-Esel 133 f.
Przewalski-Pferd 17
Pulsfrequenz 65
Pyrenäen-Esel 138

Quagga 157
Quälereien 23

Ragusana-Esel 144
Rangordnung 83
Rassestandard 90
Robinien 45
Rosse 53
Rossezyklen 41

Sahara-Esel 151
Salzlecksteine 62
Sardischer Esel 145
Schiefe Beine 100
Schmerzlaut 78 f.
Schnäppchen 34 f.
Schutzinstinkt der Eselstuten 53
Schutzreflex, natürlicher 46 f.
Sexualverhalten 40
Sexuell inaktive Hengste 64
Sizilianischer Esel 145
Solarbetriebene Batterien 51
Somali-Esel 150
Sommerweide 68

Sonnenschutz 41
Sorten 145 f.
Soziabilität der Esel 56
Soziale Kontakte 56
Sozialpartner 56 f.
Sozialverhalten 48
Spielzeuge 55
Stacheldraht 49
Stall 41 ff.
Stehen bleiben 83 f.
Stellung der Esel 13 ff.
Steppenzebra 157
Striegeln 66
Stromversorgung 50 f.
Südeuropäischer Halbesel 155
Syrischer Halbesel 155

Tarpan 17
Territorialverhalten 52

Thüringer Waldesel 146
Tibetanischer Halbesel 154
Tierbegegnungen 166
Tierhaftpflichtversicherung 33
Tierische Fette 73
Tod der Stute 102
Totgeburten 54
Trächtige Stuten 96
Trächtigkeit 96
Tragerhythmus 53, 93
Tragzeit 96
Trennung von Stute und Fohlen 104
Turkmenischer Halbesel 155
Typen 140 ff.

Überforderung 210
Übergewicht 70 f.
Unfruchtbarkeit 94

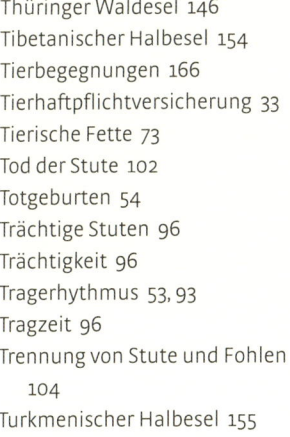

Unterbringung 37 ff.
Unterstand 41 f.

Vaginaler Ausfluss 64
Verantwortung 26 ff.
Verdauungsprobleme 63
Verdauungsrhythmus von Equiden 191
Vermehrer 91
Vermenschlichung 9 f.
Vertrauen 85
Verzwergung 27
Vitamine 62

Wälzen 54, 66
Wandern mit Eseln 160 ff.
Wechselweidebetrieb 54, 60, 69
Weizen 70
Wildesel 80 f., 147 ff.
Wildpferde 17
Wurmkuren 60 f.
Wüstentiere 37 f.

Zaunanlage 44
Zäune ziehen 44 ff.
Zaunpfosten 48
Zebras 15, 18, 155 ff.
Zecken 211
Zentralasiatischer Halbesel 153
Zoologische Ordnungssysteme 13 ff.
Zucht 9 ff., 88 ff.
Zucht in Deutschland 107
Zuchtbuch 90, 106 f.
Zuchtbuchorganisationen 90
Züchter 91
Zufütterung 74
Zugwanderungen 40
Zwergesel 27, 146
Zwillinge 97
Zyklus der Eselstute 96

Bildnachweis
55 Farbfotos wurden von Horst Streitferdt/Kosmos für dieses Buch aufgenommen.
Weitere Farbfotos von ANCRAA.ORG (2; S. 142, 143); Bignon/Association de l' âne de Provence (1; S.135); Dominique Bourdon/Association de l' ane du normand (1; S. 136); Carola Hotze (4; S. 181, 196, 198, 206); Juniors Bildarchiv (16; S. 11, 16, 18, 48, 55, 80, 81, 132, 133, 137, 149, 153, 156, 157, 166, 168); Günther Kopp (49; S. 12, 13, 15 o., 29, 34, 35, 36, 52, 54, 56, 67 o., 76, 78, 79, 82 alle 3, 84 beide, 88, 89, 101, 105, 106, 109, 112, 114, 115, 116, 119, 122, 124, 125 beide, 126, 127, 128, 129 beide, 167, 173, 174, 187, 188, 190, 194, 212, 213, 215); Lothar Lenz (2; 179, 201); John Patrick Mikisch/Cavallo (1; S. 4); Reinhard-Tierfoto (1; S. 44); Christof Salata/Kosmos (1; S. 199); Hans Peter Scholz (1; S. 150); Christiane Slawik (1; S. 158-159); Ulf G. Stuberger (53; S. 8, 14, 15 u., 17, 19, 20, 21, 22, 23, 38, 39, 49, 50, 53, 58 u., 61, 65 beide, 67 u., 68, 70, 71, 72, 77, 83, 96, 97, 99, 100, 102, 104, 108, 113, 118, 121, 123, 130, 131, 147, 154, 160, 161, 163, 164, 177, 180, 182, 183, 184, 195, 208, 211, 214); Elisabeth Zinner (1; S. 170).
Mit 13 Illustrationen von Hedy Hagmann.

Impressum
Genehmigte Lizenzausgabe für
Verlagsgruppe Weltbild GmbH, Steinerne Furt, 86167 Augsburg
Copyright der Originalausgabe
© 2008, Franckh-Kosmos Verlags-GmbH & Co. KG, Stuttgart.

Mit 211 Farbfotos und 13 Zeichnungen.

Alle Angaben in diesem Buch erfolgen nach bestem Wissen und Gewissen. Sorgfalt bei der Umsetzung ist indes dennoch geboten. Der Verlag und der Autor übernehmen keinerlei Haftung für Personen-, Sach- oder Vermögensschäden, die aus der Anwendung der vorgestellten Materialien und Methoden entstehen könnten.

Redaktion: Alice Rieger, Brigitte Diez-Rodrigo
Gestaltungskonzept: eStudio Calamar
Umschlaggestaltung: Anna Jansen, Büro 18, Friedberg (Bay.)
Umschlagmotive: Gerard Lacz | mauritius images
Gesamtherstellung: Typos, tiskařské závody, s.r.o., Plzeň
Printed in the EU
ISBN 978-3-8289-3977-6

2014 2013 2012
Die letzte Jahreszahl gibt die aktuelle Lizenzausgabe an.

Alle Rechte vorbehalten.

Einkaufen im Internet:
www.weltbild.de